高熵合金储氢及热物理性能

李丽荣　罗　龙　著

东北大学出版社

·沈　阳·

© 李丽荣 罗 龙 2025

图书在版编目（CIP）数据

高熵合金储氢及热物理性能／李丽荣，罗龙著.
沈阳：东北大学出版社，2025.4. --ISBN 978-7-5517-
3697-8

Ⅰ. TG139

中国国家版本馆 CIP 数据核字第 2025543HL0 号

出　版　者：东北大学出版社
　　　　　　地址：沈阳市和平区文化路三号巷 11 号
　　　　　　邮编：110819
　　　　　　电话：024-83683655（总编室）
　　　　　　　　　024-83687331（营销部）
　　　　　　网址：http://press. neu. edu. cn
印　刷　者：辽宁一诺广告印务有限公司
发　行　者：东北大学出版社
幅面尺寸：170 mm×240 mm
印　　　张：11
字　　　数：203 千字
出版时间：2025 年 4 月第 1 版
印刷时间：2025 年 4 月第 1 次印刷
策划编辑：刘桉彤
责任编辑：邱　静
责任校对：高艳君
封面设计：潘正一
责任出版：初　茗

ISBN　978-7-5517-3697-8　　　　　　定　价：89. 00 元

前　言

氢是一种多功能的能量载体,有助于应对各种严峻的能源挑战。由于氢的能量密度高,且燃烧时不排放二氧化碳,因此氢被认为是实现净零排放战略中日益重要的一环。在"制氢—储氢—运氢—用氢"氢能产业链中,储氢是氢经济快速发展的瓶颈。开发具有高存储密度及安全性的存储技术具有现实意义。目前,物理储氢和化学储氢是主要的储氢方式。其中,固态储氢法是最有前景的方式之一。合金因其良好的安全性、操作条件以及低成本,尤其是高能量密度(按照体积计算)等优点,已成为主要的储氢材料。例如,稀土储氢材料中最常用的商用储氢合金。然而,传统合金在储氢方面也面临许多问题。近些年,一种名为高熵合金的新型合金材料可能会带来希望。

本书对高熵合金的发展进行了详细介绍,并对高熵合金的微观结构、储氢性能及热物理性能进行了详细研究,得出了一些新颖的结论。本书综合了著者多年在国内、国外发表的大量宝贵科研成果,以及对相关内容的重要论述。

本书共分为7章:第1章介绍了高熵合金的发展历史、定义、设计理论及应用情况;第2章介绍了高熵制备以及储氢性能与热物理性能的实验测试方法;第3章至第5章对高熵合金进行了成分设计并进行了系统研究,进而更好地了解其微观结构及性能的影响因素;第6章对多主元素合金的放氢平台压力进行了数学推导,给出了预测数学模型,模型仅基于合金成分即可进行平台压力计算,具有简单、方便、准确的特点,具有重要实用意义;第7章介绍了复合储氢合金的制备方法及电化学储氢性能等。李丽荣撰写了第1、3、4、5、7章的内容,罗龙撰写了第2、6章的内容。本书内容以著者深厚的理论知识和丰富的长期科研实践经验为基础,具有很强的理论性、科学性、系统性和实用性,视野独特,体系齐全,充分反映了该领域的前沿和关注的问题,是适应于高熵合金研究及其知识普及和应用的重要著作。本书可供广大新材料、材料科学、氢能等领域的科研人员、技术人员阅读或参考，也可作为相关专业大专师生的教学参考书或教材。

本书在撰写过程中，得到了同行专家的多方关心、支持和帮助。内蒙古科技大学李一鸣研究员、李永治教授花了大量时间审阅本书的编写大纲，并和著者一起对大纲逐章逐节进行讨论、修改。在此谨向所有对本书提供帮助的部门、单位和个人表示衷心的感谢。

本书得到了内蒙古自治区科技重大专项（编号：2021ZD0029）、国家自然科学基金（编号：52261041）、内蒙古自然科学基金（编号：2022MS05011）和内蒙古自治区直属高校基本科研业务费项目（编号：2023QNJS119）的资助支持。

由于著者水平有限，书中难免存在不完善之处，敬请读者指正。

著　者

2025 年 1 月

目　录

第1章

绪 论

国际能源机构(IEA)指出,氢是一种多功能的能源载体,有助于应对各种严峻的能源挑战[1]。由于氢的能量密度高(120～142 kJ/kg,是汽油的2.7倍)[2],且燃烧时不排放二氧化碳,氢被认为是到2050年实现净零排放战略日益重要的一环。然而,在288.15 K和0.101 MPa条件下,氢气单位体积能量密度仅为0.01 MJ/L。相比之下,甲烷和汽油的体积能量密度分别为0.04 MJ/L和32 MJ/L。高能量密度储氢技术对于弥补氢气生产和储氢应用之间的差距至关重要。同时,氢气是一种易燃易爆气体。当氢气在空气中的体积分数在4.1%～75.0%时[3],遇火会发生爆炸。因此,在评估储氢技术的优缺点时必须考虑安全性。此外,该技术还必须考虑经济性、能耗和生命周期等因素。为了开发一种考虑密度、安全性、成本和使用寿命等因素的储氢技术,各国研究人员进行了很多研究。

目前,物理储氢和化学储氢是主要的储氢方法。物理方法主要包括压缩氢、液化氢、低温压缩氢和物理吸附氢[4-5],化学方法主要包括金属氢化物[6-8]、复合氢化物[9]和液态有机氢化物[10]。表1.1比较了这两种方法,显然固态储氢是最有前景的方法之一。其中,合金因其良好的安全性、简易的操作条件、低成本,尤其是高能量密度(按照体积计算)等优点,已成为主要的储氢材料。例如,镍氢电池中最常用的商用储氢合金是具有 $CaCu_5$ 晶体结构的 AB_5 合金。然而,传统合金在储氢方面也面临许多问题。表1.2列出了美国能源部(DOE)对轻型车车载氢的技术指标要求。每种合金都有自己的优缺点,其整体性能与DOE的目标还相差甚远[11]。不过,一种名为高熵合金(HEA)的新型合金材料可能会带来希望。

表 1.1 主要储氢技术对比

方法	存储方法	条件	质量分数 /%	体积密度 /(g·L^{-1})	体积能量密度 /(MJ·L^{-1})	文献
物理	压缩	0.1 MPa, RT	100.00	0.0814	0.01	[2]
	压缩	35 MPa, RT	100.00	24.5000	2.94	[2]
	压缩	70 MPa, RT	100.00	41.4000	4.97	[2]
	液化	0.1 MPa, −253 ℃	100.00	70.8000	8.50	[2]
	低温压缩	35 MPa, −253 ℃	100.00	80.0000	9.60	[5]
	活性炭	−196 ℃, 3 MPa	5.00	38.5000	2.40	[4]
	金属有机框架材料	−196 ℃, 8 MPa	7.90	25.8000	3.10	[4]
化学	LaNi$_5$	5 MPa, RT	1.40	104.0000	12.40	[6]
	MgH$_2$	287 ℃, 0.1MPa	7.60	110.0000	13.20	[7]
	FeTiH$_2$	RT, 1 MPa	1.89	114.0000	13.70	[8]
	Mg$_2$NiH$_4$	1.4 MPa, 200 ℃	3.60	97.0000	11.60	[9]
	ZrCr$_2$H$_{3.8}$	RT, 1 MPa	2.00	111.0000	13.30	[10]
	VH$_2$	RT, 5 MPa	3.90	160.0000	19.20	[12]
	NaAlH$_4$	100 ℃, 0.1 MPa	7.40	80.0000	9.60	[13]
	甲基环己烷/甲苯	RT, 0.1 MPa	6.20	47.30000	5.68	[14]

表 1.2 DOE 的车载氢气系统技术指标

存储系统目标	质量分数/%	体积密度/(g·L^{-1})	放氢温度/℃
2020 年	4.5	30	−20/100
终极目标	6.6	50	

注：①为达到系统目标，任何储存材料的含量都必须大于系统密度；

②假设车辆储存可用氢气的容量为 5.6 kg，则巡航里程为 480~560 千米。

早在 18 世纪末，德国冶金学家弗朗茨·卡尔·阿查德及其同事就发现了高熵合金。当时他们进行了一项创新研究，制备了一系列含有 5~7 种元素的多组分等质量合金[15]。他可能是第一位研究多元素合金的科学家。然而，全世界的冶金学家大多忽视了这项杰出的工作，直到 1963 年，西里尔·斯坦利·史密斯教授才认识到这一点[16]。由于对阿查德工作的忽视，高熵合金的发展一度陷入沉寂。直到 20 世纪 90 年代，高熵合金才获得了新的发展机遇。1993 年，英国剑桥大学的科学家提出了著名的"混沌原理"，即合金材料的熵越高，越容易形成非晶态结构。与此同时,中国台湾学者叶均蔚等人提出了一个新颖的合金设计概念:具有高熵的多组分混合合金,即"高熵合金"。然而,相关研究尚未发表。

2004 年,叶均蔚等人[17]和 Cantor 等人[18]分别独立报道了高熵合金和等原子多组分合金。从那时起,高熵合金作为一类新兴合金,其独特的物理、化学和机械性能吸引了材料界越来越多的关注,如图 1.1(a)所示。

在过去几年中,高熵合金的概念已扩展到高熵陶瓷、薄膜、钢、超合金、轻质铝镁高熵合金、高熵硬质合金和高熵功能材料。迄今为止,对高熵合金的研究大多集中在其机械性能方面。除了用作结构材料外,高熵合金作为功能材料在储氢等应用领域也具有广阔的前景。

继 2010 年首次发表有关用于储氢的 $CoFeMnTi_xV_yZr_z$ 高熵合金的论文[19]之后,在接下来的八年中,有关储氢合金的论文寥寥无几。然而,自 2018 年起,人们对这一研究领域的兴趣重新燃起,此后每年发表的文章数量明显增加,如图 1.1(b)所示。因此,对高熵储氢合金进行深入研究是非常必要的。2021 年,F. Marques等人[20]对用于储氢的高熵合金进行了综述。2022 年,F. S. Yang 等人[21]从其他方面进行了广泛的综述。这两篇文章做了非常重要的工作,它们概述了用于储氢的高熵合金的研究状况和未来发展方向。不过,这两篇文章都是在 2021 年被接收的。据调查结果显示,从 2022 年至今,已发表近 40 篇有关高熵储氢合金的文章。通过仔细审阅,著者认为这些研究提供了很多有趣的信息,如高熵合金作为储氢材料的催化剂。

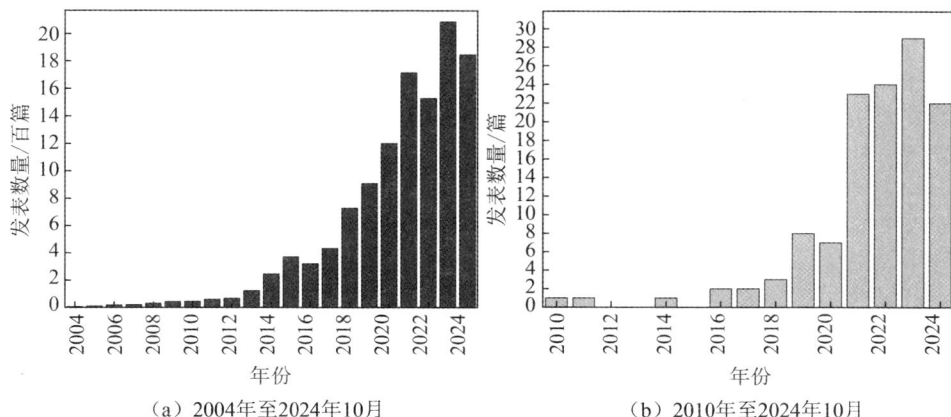

（a）2004年至2024年10月　　　　（b）2010年至2024年10月

图 1.1　2004 年至今已发表的有关高熵储氢合金的文章数量(来源：Web of Science)

注:(a)为 2004 年至 2024 年 10 月期间发表的包含"高熵合金""多主元素合金""多组分合金"或"复合浓缩合金"的文章数量。

(b)为 2010 年至 2024 年 10 月期间发表的标题、关键词和摘要中包含"高熵合金""多主元素合金""多组分合金"或"复合浓缩合金"和"储氢"的文章数量。

1.1 高熵合金的定义

目前，还没有关于多主元合金的定义[18]，而关于高熵合金的定义却不止一个。对高熵合金的多种定义导致了混淆，加剧了对某些合金是否真的可以称为高熵合金的争议。下面简要介绍并讨论常用的定义和争议。

顾名思义，高熵合金具有较高的构型熵。Yeh 等人[17]根据两个已知的热力学事实将这些合金概括为"高熵合金"：① 当元素处于等原子比例时，二元合金的构型熵[$\Delta S_{conf} = -R(c_A \ln c_A + c_B \ln c_B)$，其中 R 是气体常数，c_A 和 c_B 分别是元素 A 和元素 B 的原子分数]达到最大值[如图 1.2(a)]；② 当元素 A 和元素 B 处于等原子比例时，二元合金的构型熵（$\Delta S_{conf} = R \ln N$）达到最大值[如图 1.2(a)]。任何体系中的最大构型熵（$\Delta S_{conf} = R \ln N$）都随着体系中元素数量（$N$）的增加而增加[如图 1.2(b)]。高熵合金由 ΔS_{conf} 的大小来定义（文献中用混合熵来表示），其中理想固溶体的 ΔS_{conf} 由玻尔兹曼方程计算得出[23-24]：

$$\Delta S_{conf} = -R \sum_{i=1}^{n} c_i \ln c_i \qquad (1.1)$$

其中，R 是气体常数[8.314 J/(mol·K)]；c_i 是由 n 种元素组成的固溶体中第 i 种元素的原子分数。因此，合金可分为低熵合金、中熵合金和高熵合金。根据这种分类方法，图 1.3 显示了合金分类示意图。需要注意的是，基于熵的定义，假定合金原子在高温或液态下随机占据晶格位置[25]。然而，早期的研究结果表明，金属溶液中的原子并不总是随机占据位置，而且二元金属液体在熔炼温度下原子分布通常并不理想[26]。这些因素表明，基于熵的定义并不完美。

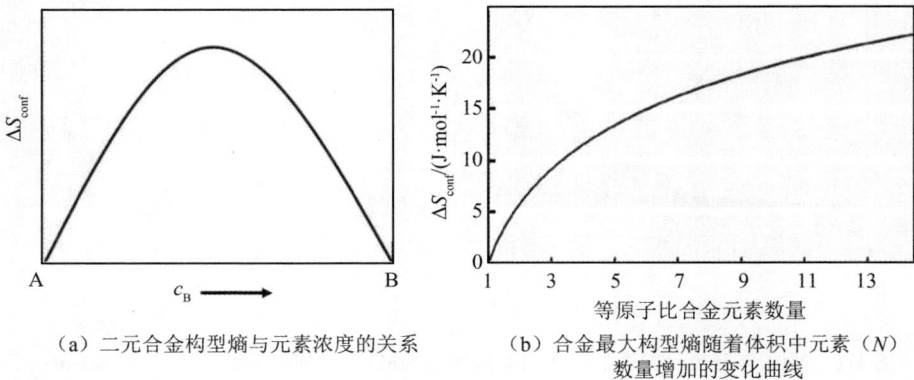

| （a）二元合金构型熵与元素浓度的关系 | （b）合金最大构型熵随着体积中元素（N）数量增加的变化曲线 |

图 1.2 构型熵与合金成分之间的关系[22]

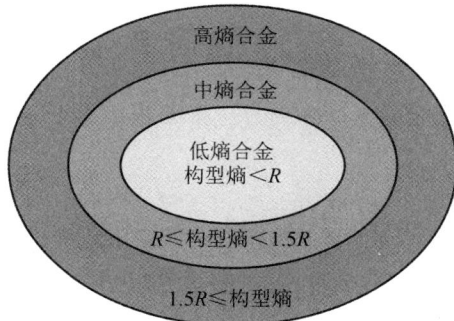

图 1.3　基于构型熵的合金分类示意图

　　高熵合金的另一个定义基于合金成分。叶均蔚等人的最早论文将高熵合金定义为由五种及以上等摩尔分数的主要元素组成[17]。该论文严格遵守等物质的量浓度的要求，但自该论文发表以来，定义的范围进一步扩大。目前，高熵合金通常被描述为含有五种及以上主要元素，每种元素的原子分数为 5%～35%，这样的合金被称为高熵合金[22, 25]。因此，近年来，高熵合金的数量大幅增加；也就是说，高熵合金不一定是等物质的量。此外，还可以在高熵合金中添加次要元素以改善其特性，从而进一步增加高熵合金的数量。这个定义只规定了元素的原子分数，对熵的大小没有限制，也不要求是单相固溶体。高熵合金还有其他定义，但并不占主导地位[26-28]。以上介绍的两种定义取决于所做工作的意图。

1.2　高熵合金的"核心效应"

　　高熵合金的微观结构和性能明显不同于传统合金，这主要归因于叶均蔚于 2006 年提出的四种核心效应[25]。如图 1.4 所示，这些效应包括高熵效应、迟滞扩散效应、晶格畸变效应和鸡尾酒效应。这些效应产生的根本原因是合金中大量不同元素造成的原子尺寸、模量等不匹配。前三种效应是真实存在的，并已得到证实，而最后一种效应不是假设的，无须验证，它是一个基于其他三种效应不可预测的协同作用的概念。

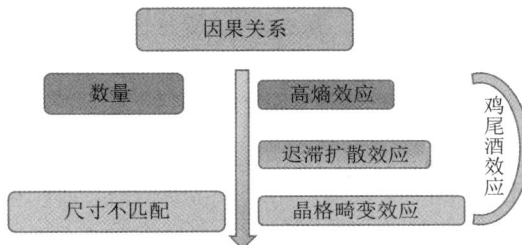

图 1.4　高熵合金四种核心效应

1.2.1 高熵效应

高熵合金的一个显著特点是高熵效应。混合熵在高熵合金中相对较高，因为高熵合金包含多个组成元素。传统的吉布斯相律如下：

$$P = C + 1 - F \tag{1.2}$$

其中，P 为相数；C 为组元素数；F 为热力学自由度。根据大量实验，高熵合金通常会形成简单的固溶相，即面心立方（FCC）、体心立方（BCC）和六方紧密堆积（HCP），而不是预期的多相金属间化合物，当混合物中存在更多种元素时，就会形成多相金属间化合物。吉布斯自由能表达式为

$$\Delta G_{mix} = \Delta H_{mix} - T \Delta S_{mix} \tag{1.3}$$

其中，ΔG_{mix} 为吉布斯自由能；ΔH_{mix} 为混合焓；T 为温度；ΔS_{mix} 为混合熵。在高温下，混合熵越高，整个合金体系的自由能就越低，从而简化了稳定固溶相的形成[29-31]。据此，将有利于形成浓缩的无序固溶体，并限制次生金属间相的存在。

1.2.2 迟滞扩散效应

在高熵合金中，原子扩散被认为是缓慢的。这是因为合金在凝固过程中会形成纳米晶体和无定形相[17, 25, 38]，一些研究通过直接探测证实了这一点[39-40]。Tsai 等人[39]对扩散迟滞的根本原因做出了合理的解释。他们认为，由于晶格位点之间的晶格势能波动较大，高熵合金的原子扩散速度较慢，活化能较高。在高熵合金中，许多主要元素都存在于固溶相中。由于晶格中的每个位点都被不同的原子包围，因此每个位点的键构型不同，晶格势能也不同[41]。如图 1.5 所示，平均差表示原子迁移过程中平均晶格势能的变化。纯金属的平均差为零，而高熵合金的平均差最大。高熵合金中的原子在扩散过程中经历的晶格势能波动明显大于传统合金中的原子。原子经历的晶格势能波动越大，其扩散就越困难。由于原子倾向于使其能量最小化，晶格势能较低的位点就会成为原子的陷阱，从而增加迁移能垒和扩散激活能。此外，与传统合金相比，高熵合金中的鞍点能分布更广，鞍点能高的位置会成为扩散的障碍。这进一步降低了原子扩散效率。如前所述，迟滞扩散效应可促进晶粒细化，形成高密度晶界，而高密度晶界是氢扩散的有利通道，因此高熵合金通常表现出优异的性能[12]。

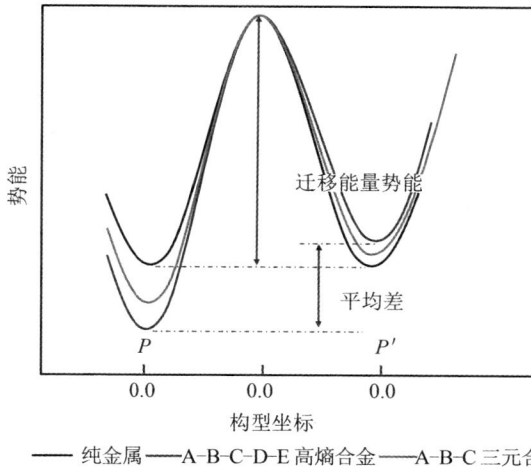

图1.5　不同合金原子迁移过程中晶格势能以及 *P* 点能和
P′ 点能平均差的变化示意图

1.2.3　晶格畸变效应

　　各种合金元素的原子半径和电子分布的巨大变化会导致高熵合金的晶格畸变[32]。当原子偏离其平衡位置时，系统中的能量会受到影响，进而影响合金的特性[33-34]。图 1.6 展示了高熵合金如何表现出比典型合金更严重的晶格畸变。有一些研究认为，晶格畸变会导致活性位点数量增加，从而促进合金的氢化[35-36]。例如，Sahlberg 等人[36]在研究 TiVZrNbHf 高熵合金的氢化过程时指出，该合金吸氢饱和时氢原子与金属原子比可达到 2.5，他们认为这与晶格畸变直接相关，因为晶格畸变使四面体和八面体间隙位点更容易被氢原子填充。著者认为，目前还没有有力的证据表明晶格畸变更有利于合金的储氢性能，因此还需要进一步地研究。

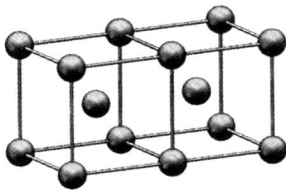

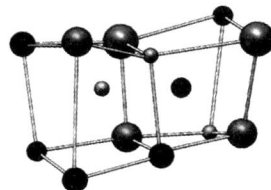

（a）只有一种元素的晶体结构　　　　　（b）多组分固溶体中合金间原子半径和
　　　　　　　　　　　　　　　　　　　电子分布等方面的差异造成的晶格畸变[37]

图 1.6　BCC 晶体结构示意图

1.2.4 鸡尾酒效应

印度学者 S. Ranganathan 最早提出了鸡尾酒效应[42]，即多组分材料的特性相互影响，从而产生一种独特的特性。这种效应类似于鸡尾酒，其中多种酒会产生不同的味道。从原子层面的复合效应到微观结构层面的复合效应，鸡尾酒效应已在高熵合金中得到明确验证[43]。利用这一特点，可以添加特定元素来优化储氢高熵合金的性能。例如，与四元合金 $Ti_{0.325}V_{0.275}Zr_{0.125}Nb_{0.275}$ 相比，添加 10% Ta 的 $Ti_{0.30}V_{0.25}Zr_{0.10}Nb_{0.25}Ta_{0.10}$ 高熵合金在储氢容量、解吸性能和循环稳定性方面都有显著改善[44]。

1.3 高熵合金的设计及制备

根据传统的 Hume-Rothery 标准，我们可以预测普通固溶体的合金相组成。但是，由于高熵合金没有溶剂或溶质，而且各组分之间会发生相互作用，因此识别和预测相的发展是目前的研究重点。此外，高熵合金的制备也至关重要，通过处理高熵合金来强化其微观结构，可以增强其储氢能力。

1.3.1 预测相的主要参数

研究人员根据 Hume-Rothery 标准逐步提供了各种经验参数。通过评估高熵合金的微观结构特性，Zhang 等人[37]提出了影响相形成的两个参数：原子尺寸差(δ)和组分间的化学相容性，即混合焓(ΔH_{mix})。根据吉布斯自由能表达式，人们研究了混合熵对相形成的影响。高混合熵可以显著降低自由能，同时简化稳定相的生成。实验分析结果表明，当 $\delta \leqslant 6.5\%$、-15 kJ/mol $< \Delta H < 5$ kJ/mol 和 12 J/(mol·K) $< \Delta S < 17.5$ J/(mol·K)时，更容易形成固溶相。δ、ΔH_{mix} 和 ΔS_{mix} 的定义如下：

$$\delta = 100 \sqrt{\sum_{i=1}^{n} c_i \left(1 - \frac{r_i}{\overline{r}}\right)^2} \qquad (1.4)$$

其中，n 是组元数；c_i 是第 i 种成分的原子分数；r_i 是第 i 种元素的原子半径；$\overline{r}$ 是平均原子半径($\overline{r} = \sum_{i=1}^{n} c_i r_i$)。

$$\Delta H_{mix} = \sum_{i=1, i \neq j}^{n} \Omega_{ij} c_i c_j \qquad (1.5)$$

其中，c_i 和 c_j 分别代表第 i 种、第 j 种元素的质量分数；$\Omega_{ij} = 4\Delta H_{ij}^{mix}$，$4\Delta H_{ij}^{mix}$ 是二元液体合金的混合焓。

$$\Delta S_{mix} = -R \sum_{i=1}^{n} c_i \ln c_i \qquad (1.6)$$

其中，R 是气体常数[8.314 J/(mol·K)]；c_i 是组分的摩尔分数。

Yang 和 Zhang[45]还提出了另一个参数 Ω，用于估计多组分合金体系中固溶形成能力，将 $\Omega \geqslant 1.1$ 和 $\delta \leqslant 6.6\%$ 作为形成稳定固溶相的标准，以进一步把握混合熵和混合焓之间的平衡：

$$\Omega = \frac{T_{\mathrm{m}} \Delta S_{\mathrm{mix}}}{|\Delta H_{\mathrm{mix}}|} \qquad (1.7)$$

其中，$T_{\mathrm{m}} = \sum_{i=1}^{n} c_i (T_{\mathrm{m}})_i$, $(T_{\mathrm{m}})_i$ 是第 i 组元素的熔点。价电子浓度（VEC）是一个非常重要的参数：

$$VEC = \sum_{i=1}^{n} c_i VEC_i \qquad (1.8)$$

其中，VEC_i 是第 i 种元素的价电子浓度。VEC 对于预测高熵合金的结构至关重要。Guo 等人[46]报道，VEC 控制着 FCC 结构或 BCC 结构固溶相的稳定性：当 VEC<6.87 时，高熵合金更有可能形成 BCC 结构；当 VEC>8 时，高熵合金更有可能形成 FCC 结构。此外，VEC 还可用于预测高熵合金的储氢性能。Nygård 等人[47]指出：当 VEC>4.75 时，二氢化物不稳定，如果将高熵合金中的 VEC 设为6.4，那么会在室温下发生脱氢；当 VEC>5 时，高熵合金的最大储氢能力会降低。他们还注意到，从 BCC 结构合金到相应氢化物，每个金属原子的体积膨胀随着高熵合金的 VEC 线性增加。Edalati 等人[48]根据包括 VEC 在内的多个参数设计了一种 TiZrCrMnFeNi 高熵合金。该合金的 VEC 是根据 Nygård 等人的报道[47]设定的。TiZrCrMnFeNi 高熵合金显示存在质量分数为 95% 的 C14 Laves相，在室温下以快速动力学可逆地吸收和解吸质量分数为 1.7% 的氢。在 Zlotea等人[49]的最新报道中，系统地研究了 VEC 变化对一系列高熵合金储氢性能的影响：在 $Ti_{0.30}V_{0.25}Zr_{0.10}Nb_{0.25}M_{0.10}$ 中，M = Mg，Al，Cr，Mn，Fe，Co，Ni，Cu，Zn，Mo，Ta，他们认为，室温下的最大储氢能力在很大程度上取决于高熵合金的VEC。当 VEC 低（VEC<4.9)时，储氢能力高（氢原子与金属原子比为 1.5~2.0）；而当 VEC≥4.9 时，储氢能力会急剧下降，M 为后3d过渡金属的合金就是这种情况。此外，在这个成分系列中，解吸的起始温度几乎随着 VEC 的增加而线性上升。他们的研究结果表明，VEC 低的合金更有可能成为储氢的理想候选材料。Cheng 等人[50]发现，TiVNbCr 高熵合金氢化物的脱氢活化能会随着 VEC 的降低而降低。上述研究结果表明，高熵合金的多维空间中可能存在的组合极为广泛，利用 VEC 预测化学成分变化带来的影响对于指导未来高熵储氢合金的研究至关重要。

在传统合金中，溶解度会随着电负性差（$\Delta \chi$）的减小而增大。在高熵合金中，$\Delta \chi$ 预测了拓扑密堆相（TCP）的稳定性。当 $\Delta \chi > 0.133$ 时，TCP 稳定，但某些含有大量铝的高熵合金除外[51]。

$$\Delta \chi = \sqrt{\sum_{i=1}^{n} c_i (\chi_i - \bar{\chi})^2} \tag{1.9}$$

其中，χ_i 是第 i 个元素的平均鲍林电负性；$\bar{\chi} = \sum_{i=1}^{n} c_i \chi_i$ 是平均电负性。

Ye 等人[52]根据硬球模型预测，在高熵合金中形成的相只取决于两个无量纲热力学参数：一个与合金偏离理想溶液的熵偏差有关，另一个与平均混合热有关。在实践中，混合熵的值会偏离理想值。因此，

$$S_T = S_C + S_E$$

其中，S_C 为混合构型熵；S_E 为过量混合熵。S_E 还与原子堆积分数 ξ_i 和原子直径 d_i 有关。结合吉布斯自由能表达式，单相固溶体的产生需要满足以下条件：

$$\frac{|S_E|}{S_C} \ll 1 - \frac{|H_m|}{TS_C} \tag{1.10}$$

结果表明，$\dfrac{|S_E|}{S_C}$ 相对于 $\dfrac{|H_m|}{TS_C}$ 的值越小，就越容易形成单相固溶体。相反地，$\dfrac{|S_E|}{S_C}$ 相对于 $\dfrac{|H_m|}{TS_C}$ 的值更大时，更容易获得金属玻璃。图 1.7 显示了高熵合金平衡相的广义热力学相图。

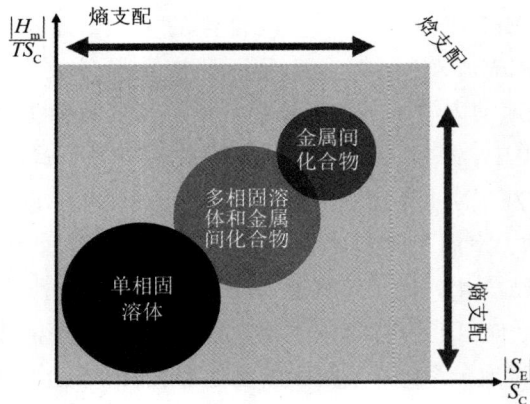

图 1.7　高熵合金平衡相的广义热力学相图[46]

Ye 等人[53]还根据使混合构型熵最大化的简单设计路线，提出了设计高熵合金的热力学参数 Φ。Φ 的定义如下：

$$\Phi = \frac{S_C - S_H}{|S_E|} \tag{1.11}$$

式（1.11）中，$S_H = |H_a| / T_m$ 定义为与焓 $|H_a|$ 形成的互补熵。

从式（1.11）可以看出，要最大限度地提高 Φ 并产生高熵效应，就必须增大

S_C 和 T_m、减小 $|S_E|$ 和 $|H_a|$。

传统的原子尺寸效应不适用于高熵合金，因此 Wang 等人[54]提出了一个新参数 γ 来解释原子尺寸差异。该参数比 δ 更有助于区分固溶体和金属间化合物，因为它能更准确地捕捉到多组分合金相选择的总体趋势：

$$\gamma = \frac{\omega_S}{\omega_L} = \left(1 - \sqrt{\frac{(r_S + \bar{r})^2 - \bar{r}^2}{(r_S + \bar{r})^2}}\right) \Big/ \left(1 - \sqrt{\frac{(r_{max} + \bar{r})^2 - \bar{r}^2}{(r_{max} + \bar{r})^2}}\right) \quad (1.12)$$

其中，ω_S 表示最小原子填充角；ω_L 表示最大原子填充角；r_S 为最小原子半径；$\bar{r}$ 为平均原子半径；r_{max} 为最大原子半径。从图 1.8 中可以看出，当 $\gamma < 1.175$ 时，高熵合金更容易形成固溶体。

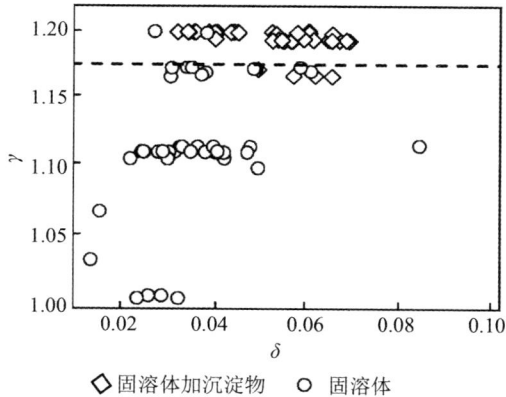

图 1.8 原子堆积参数对超耐热合金固溶度的影响[54]

为了更好地理解无序固溶体的形成，Singh 等人[55]开发了一个纯几何参数 Λ，进一步揭示了所需子系统内已形成化合物的性质和体积分数。Λ 的定义如下：

$$\Lambda = \frac{\Delta S_{mix}}{\delta^2} \quad (1.13)$$

与上述参数 δ、ΔH_{mix}、Ω、VEC 和 $\Delta \chi$ 相比，Λ 能更好地预测高熵合金的相。当 $\Lambda \geq 0.96$ 时，形成单相固溶体；当 $0.24 \leq \Lambda < 0.96$ 时，形成两相混合物；当 $\Lambda < 0.24$ 时，形成化合物混合物。

随着技术的不断发展，除了经验参数外，人们还设计了其他方法来预测高熵合金的相。目前，通过相图计算技术（CALPHAD）和第一性原理的热力学计算相结合，已经成功地准确预测了各种高熵合金系统的相组成[56-58]。Floriano 等人[56]研究了一种新型等原子 TiZrNbCrFe 高熵合金的晶体结构和储氢特性，使用 CALPHAD 预测了所形成的相，预测了在平衡条件下 C15Laves 相的形成，并预测了在电弧熔炼引起的非平衡条件下

C14Laves 相和 BCC 相的形成。实验结果与 CALPHAD 的计算结果一致。Hu 等人[58]利用第一性原理研究了 TiZrVMoNb 高熵合金的储氢特性,结果表明,从 BCC 相向 FCC 相转变发生在吸氢过程中,氢原子更容易进入四面体和八面体间隙位点。

总之,热力学模拟、第一性原理计算和经验参数法(见图1.9)在一定程度上可以帮助进行高熵合金相的组成设计,而且比传统的实验试错法或经验法更有效。这些方法主要用于预测高熵合金的相结构,很少涉及特定性能目标的直接优化。此外,由于缺乏多原理热力学数据库和相结构,这些方法在高熵合金性能优化和成分设计方面仍然存在局限性。因此,需要更有效的方法和途径来解决高熵合金成分设计的难题,以满足性能需求。

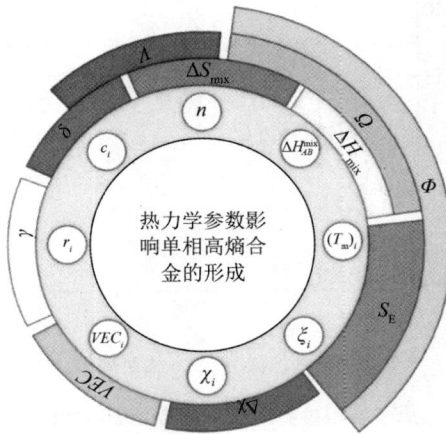

图1.9 影响单相高熵合金形成的参数[59]

最近,人们开始关注另外两种预测高熵合金储氢特性的方法,它们可以改善成分的选择。首先,Zepon 等人提出了基于热力学的模型[60-61]。该模型中的热力学参数需要结合实验数据和密度泛函理论(DFT)来获得。合金的热力学性质取决于成分。顾名思义,高熵合金的成分空间很广,这导致合金特性的多样性,即不同的平台压力和储氢容量。这意味着通过实验测试筛选合金既耗时又不经济。因此,为了能够有效地探索大量高熵合金的储氢特性,机器/统计学习将发挥作用。其次,Witman 等人[62]报道了通过机器学习(ML)计算高熵合金热力学性质的方法。ML 模型可在广大的高熵合金空间内快速筛选氢化物稳定性,并可根据目标热力学特性向下选择进行实验室验证。Pineda-Romero 等人[63]通过 ML 预测 $Al_{0.10}Ti_{0.30}V_{0.30}Nb_{0.30}$ 高熵合金的氢化物形成熔为 -49 kJ/mol,这与实验值 -51 kJ/mol 非常一致。此外,ML 模型还很好地预测了 Al 添加引起的氢化物不稳定趋势,这证实了

Witman 等人[62]提出的金属氢化物 ML 的稳健性。Lu 等人[64]通过集合 ML 预测了 V-Ti-Cr-Fe 高熵合金的储氢能力,结果表明 VEC 在预测中起到了关键作用。除了对高熵储氢合金的研究,ML 还广泛应用于其他储氢材料的预测[65-66],如 AB$_2$[67]、MOFs[68]。在此,不得不提到 Rao 等人的研究成果[69],虽然该成果并非专门针对储氢材料领域,但对于储氢用氢原子能合金的设计具有很好的指导意义。著者认为,在高维成分空间中,仅靠热力学合金设计规则往往会失败。他们提出了一种闭环的主动学习策略。他们将 ML 与 DFT、热力学计算和实验相结合,基于非常稀少的数据,在几乎无限的成分空间中加速高熵合金的设计。从数百万种可能的成分中,他们确定了两种热膨胀系数极低的高熵钢合金。这是快速自动发现具有最佳性能的高熵合金的合适途径。显然,将机器/统计学习方法与其他计算方法相结合,是快速探索大量高熵合金储氢特性的最有吸引力的方法。ML 方法是计算材料特性以及在各种成分中建立材料特性之间关系的强大工具。然而,它们需要一个可靠且足够广泛的数据库才能成功运行。

1.3.2　元素选择和制备方法

新型储氢材料的出现依赖于直觉和不断的实验,但传统储氢合金所选用的元素为高熵合金的选择过程提供了指导。传统储氢合金的第一种成分是氢化物形成元素 A,它很容易与氢发生作用,生成稳定的氢化物,并在此过程中产生大量热量($\Delta H < 0$)。这种成分可以调节合金中储存氢的量。第二种成分是非氢化物形成元素 B。这种元素通常不与氢反应,对氢的亲和力极小,但当氢溶解在这种金属中时,它会吸收热量($\Delta H > 0$),并调节氢吸收和释放的可逆性[20, 70]。氢化物形成焓可通过混合氢化物形成焓不同的元素来调节。详情可参见图 1.10。

研究中的高熵合金合成技术大致可分为三种状态:固态、液态和气态。Zhang 等人[71]讨论了电化学制备技术。机械合金化和火花等离子烧结(SPS)压制是固态合成的主要方法[72],电弧熔炼、电阻熔炼、感应熔炼、激光熔炼、激光熔覆和激光近净成形(LENS)是液态合成技术[73-74],原子层沉积(ALD)、分子束外延(MBE)和气相沉积是气相方法。Wang 等人[75]对高熵合金制备技术进行了更详细的讨论,因此在此不再赘述。

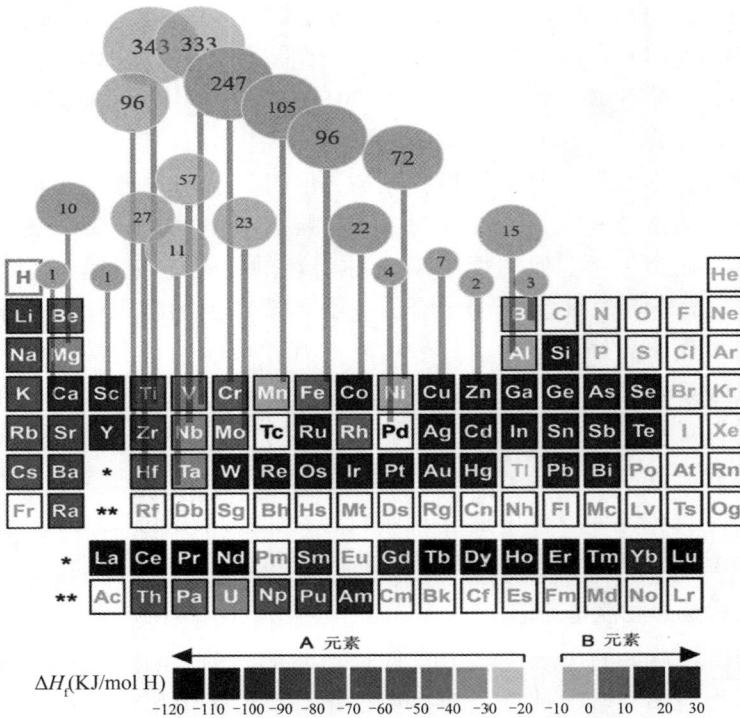

图 1.10   根据二元金属氢化物的形成焓相对细分的元素周期表[20]及
元素在三元及以上 BCC 固溶态储氢合金中的使用频率(统计数据来源:Web of Science)

电弧熔炼是最常用的储氢高熵合金合成技术[56-57, 76-82],其次是机械合金化[83-88]和 LENS。电弧熔炼是在氩气保护下将金属加热到熔点,图 1.11(a)展示了这一过程。电弧熔炼最适合小批量生产或实验应用。加工合金的组织特征是接近平衡相,偏析极少[69]。为确保样品化学成分的均匀性,通常需要反复熔炼[89]。除电弧熔炼外,机械合金化也是一种常用的高熵合金合成方法。与电弧熔炼相比,它能产生更均匀的样品组合,而且不需要高温。这种合成过程需要对混合物进行多次反复的挤压、冷焊、断裂和再挤压,此外还需要合金粉末与高能球磨机中的研磨球进行高速碰撞,如图 1.11(b)所示[90-91]。人们对制造储氢高熵合金的机械合金化工艺进行了大量研究,特别是含有轻元素(镁和铝)的高熵合金,这些元素不适合电弧熔炼,因为它们的平衡蒸气压高、熔点低,会导致高温下的元素挥发损失。例如,Montero 等人[85]通过高能球磨法制备了 $Mg_{0.10}Ti_{0.30}V_{0.25}Zr_{0.10}Nb_{0.25}$ 高熵合金,并得出结论:在难熔高熵合金中添加轻金属(如 Mg)有利于提高氢吸收或解吸循环的可逆性。在研究中,Kunce 等人[92-94]使用 LENS 合成了储氢高熵合金,使用的是 MR-7 LENS 装置,如图 1.11(c)所示。

该设备可精确调节粉末流速、激光强度、工作台进料速率和热传递速率等操作参数[94]。除上述例子外，Borkar 等人[95]还采用高纯度元素铝、铬、铜、铁和镍粉末组合制备了 $Al_xCrCuFeNi_2$ 高熵合金（$0 \leqslant x \leqslant 1.5$）。除了上述合成技术外，还有其他一些不太流行的方法可以提高储氢高熵合金的效率。de Marco 等人[96]最初使用高能球磨法合成了 MgTiVCrFe 高熵合金，然后进行高压扭转（HPT）以提高活化度，如图 1.11（d）所示。Edalati 等人[97]通过电弧熔炼制备了 TiZrCrMnFeNi 高熵合金，并在氢化实验前将样品在 6 GPa 下进行了五次高压扭转（HPT），从而延长了氢化物相的滞留时间，有利于确定氢化物晶体结构。为了在电弧熔炼后制备高纯度、均匀的储氢高熵合金，Zadorozhnyy 等人[98]和 Sarac 等人[99]在氩气环境下对熔融合金进行了熔融纺丝。Zhang 等人[100-101]利用电弧熔炼和吸铸技术在铜模上制造出了 TiZrNbTa 高熵合金，不仅使元素分布更加均匀，还降低了高熵合金的孔隙率并增加了其密度，从而提高了其储氢能力。最近，Zadorozhnyy 等人[83]结合垂滴熔融萃取法（PDME）和电子束熔融法（EBM）制备了 TiVZrNbTa 高熵合金，克服了每种方法的缺点，同时提高了高熵合金的储氢效果和性能[102-103]。

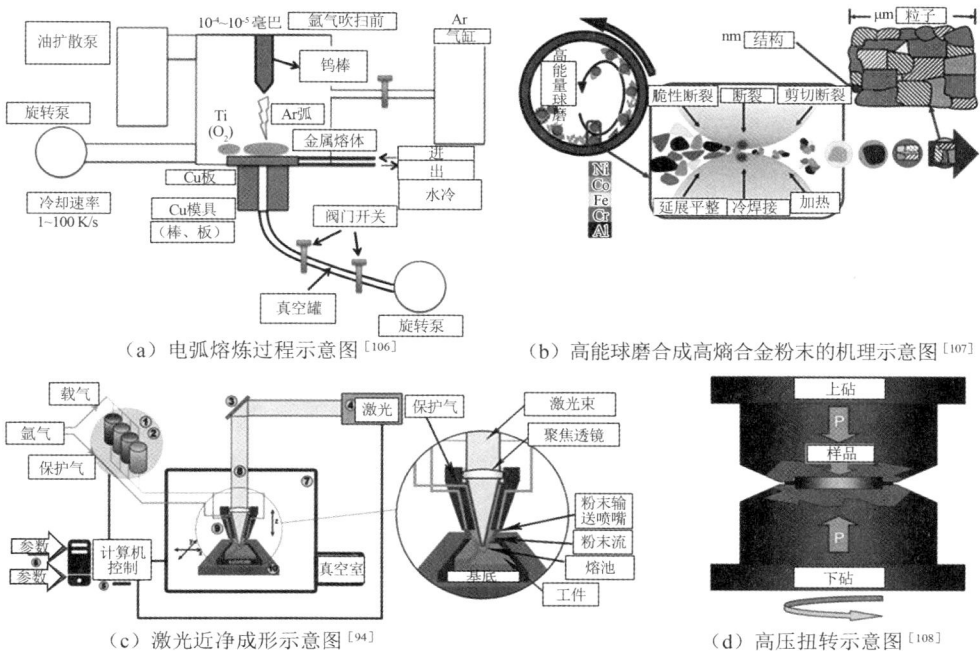

（a）电弧熔炼过程示意图[106]　　（b）高能球磨合成高熵合金粉末的机理示意图[107]

（c）激光近净成形示意图[94]　　（d）高压扭转示意图[108]

图 1.11　高熵合金不同制备方法的示意图

目前，储氢高熵合金的制备方法主要是固态和气态方法，也有一些其他方法。然而，随着技术的进步和规模的扩大，预计储氢高熵合金的材料成本将不断下降。例如，可以采用等离子渗入和化学气相沉积等更有效、更经济的制备方法，或将氢能源效应材料与其他材料相结合，以提高材料质量并降低成本。这些技术的使用将促进以更低的材料成本生产储氢用高熵材料。人们已经对储氢高熵合金的制备进行了广泛的研究，但这些合金的动力学和热力学性质还需要进一步改进，以扩大其实际应用范围。欧阳柳章等人[104-105]开发了一种新的材料合成方法——介质阻挡放电等离子体辅助研磨，以实现同时调整储氢合金的热力学和动力学性质。这种新的材料合成方法可能有助于改善高熵合金的性能，如提高平台压力。有关热力学和动力学性能双调谐的更多详细信息，可参阅文献[104-105]。

1.3.3　微观结构

高熵，即组分原子对晶格位点的随机占据，导致在高熵合金中形成简单的固溶体。例如，Tsai 等人[112]发现了 FCC 固溶体合金（如 CoCrFeMnNi 高熵合金），Zhang 等人[113]发现了 BCC 结构固溶体合金（如 AlCoCrFeNi 高熵合金）。Miracle 和 Senkov[28]详细总结了高熵合金的微观结构，包括非晶、纳米晶、单相和多相，观察到的相如图 1.12(a)所示。由于 BCC 结构的晶胞占有率(0.68)低于 FCC 结构(0.74)和 HCP 结构(0.74)，因此晶格中有更多的空隙来容纳氢原子，氢原子在 BCC 结构中的扩散速度更快。因此，BCC 结构是目前储氢高熵合金的主要结构。例如，Shen 等人[76]研究了具有良好热稳定性且在吸放氢循环中 BCC 与 FCC 转化单相可逆的 TiZrHfMoNb 高熵合金。Silva 等人[114]制备了三种 BCC 结构的储氢高熵合金，即 $(TiVNb)_{85}Cr_{15}$、$(TiVNb)_{95.3}Co_{4.7}$ 和 $(TiVNb)_{96.2}Ni_{3.8}$。此外，Karlsson 等人[115]还开发了 BCC 结构 HfNbTiVZr 高熵合金。其他 BCC 结构高熵合金将在表 1.3 中介绍。

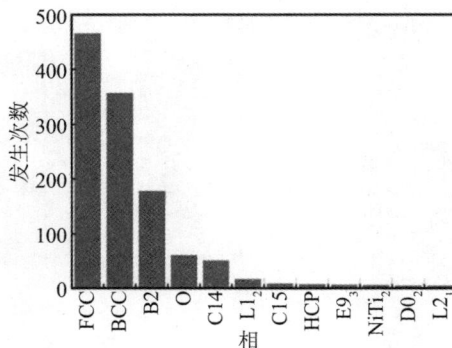

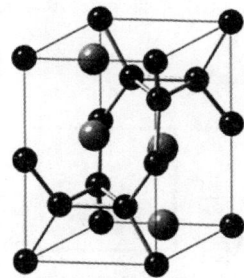

（a）各相的出现次数：若某相在同一合金中　　　　　　（b）C14 Laves结构示意图[118]
　　　出现多次，则每次都计算该相[28]

图 1.12　相统计及相结构

表 1.3 高熵合金目前主要制备方法的优缺点

制备方法	优点	缺点	文献
电弧熔炼	工艺相对简单,易于控制和操作	需要高温和高能量输入,这往往会使合金中出现不稳定的相位	[106]
机械合金化	能够在相对温和的条件下制备储氢高熵合金并改善晶体结构	容易产生杂质	[109]
激光近净成形	合金颗粒中合金元素的比例可控,制备过程高度可控	设备成本高	[94]
高压扭转	优化材料的微观结构和相组成	材料晶粒的细化可能导致氢化反应速率减慢	[110]
熔融纺丝	制备的高熵合金具有很高的比表面积	可能导致某些元素挥发、分解并失去活性	[111]
吸铸	铸件内的气体可快速排出,减少气体夹杂、气孔和其他缺陷	需要严格控制合金成分和温度,操作难度大	[111]

除了前面提到的主要 BCC 结构外,图 1.12(b)还描述了另一种储氢高熵合金结构 C14 Laves[19, 81, 98, 99, 116-117]。Chen 等人[118]对 C14 Laves 进行了研究,研究了 $Cr_uFeMnTiVZr$、$CrFe_vMnTiVZr$、$CrFeMn_wTiVZr$、$CrFeMnTi_xVZr$,$CrFeMnTiV_yZr$、$CrFeMnTiVZr_z$ 高熵合金($0 \leq u, v, w, x, y, z \leq 2$)的储氢行为,并使用 XRD 评估了吸氢前后的晶格结构和晶格参数。这些研究结果表明,所研究的合金及其氢化物具有共同的 C14 Laves 结构。由于 C14 Laves 结构中元素之间的化学键稳定性增强,化学惰性提高,因此可以制造出循环寿命更长的储氢高熵合金。此外,虽然具有催化裂化结构的氢能源效率很低,但它们仍被用于储氢。Zhao 等人[119]研究了两种 FCC 高熵合金(CoCrFeNi 和 CoCrFeMnNi)的氢吸收和塑性变形行为,发现晶粒尺寸会影响这两种合金。Hu 等人[120]制作了 BCC 结构和 FCC 结构 TiZrHfMoNb 高熵合金,以研究和比较氢原子占据间隙位点的偏好。

根据目前的研究结果,BCC 结构是最有前途的储氢高熵合金结构之一。一般来说,随着氢原子在吸氢过程中占据空隙,合金的晶格常数会逐渐增加。当吸附的氢原子数量达到一定临界值时,这种结构相变会使 BCC 结构的氢原子吸收体转变为 FCC 结构。吸氢后,高熵合金的晶格参数、晶体结构和原子间距的变化也会影响其性能,包括储氢容量、吸氢性能和放电动力学。因此,在储氢高熵合金的研究中,需要对其吸附和扩散过程、结构相变、吸放氢性能等进行深入研究,以实现高效稳定储氢材料的开发。

1.4 高熵合金的储氢性能

1.4.1 吸氢动力学

高熵合金的储氢动力学受多种因素影响，包括温度、压力、化学成分和储氢合金的微观结构。温度和压力是影响动力学的主要因素。Cheng 等人[121]测试了三种不同铬含量的 TiVNbCr 高熵合金活化后的吸氢和释氢速率，如图 1.13（a）所示，它们的 $t_{0.9}$（吸氢和释氢达到饱和容量90%所需的时间）都接近60 s。这些合金表现出快速的动力学性能主要是由于高熵合金中存在严重的晶格畸变。在氢释放过程中，释放量比吸收量明显减少，所需的氢释放温度也超过了氢吸收温度。因此，作者使用了三种典型的氢化物动力学模型（JMAK 方程、Jander 扩散模型和 Ginstling-Brounshtein 模型）来拟合氢气解吸过程。结果表明，Ginstling-Brounshtein 模型的拟合效果最好。Cardoso 等人[84]采用反应球磨法制造 MgAlTiFeNi 高熵合金氢化物，他们分析了 325 ℃下的两条连续氢释放曲线。通过结合热重分析和四极质谱测量，作者预测氢化物相可能存在于脱氢和 Mg_2FeH_6 分解过程中。Edalati 等人[97]制作的 TiZrCrMnFeNi 高熵合金在室温下表现出快速的动力学特性，没有经过任何活化处理，可以直接在空气中处理和储存，不会出现失活现象。Zlotea 等人[122]报告说，TiZrNbHfTa 高熵合金可以在很低的压力下吸附氢气，并在吸附过程中发生两相转变。通过程序脱附测试得到放氢表现，活化能为80.2 kJ/mol，与纳米晶 MgH_2 的催化放氢表现活化能相当。

1.4.2 吸氢热力学

高熵合金的热力学特性直接影响其储氢效率和容量，如热力学稳定性、氢吸附热、熵、自由能和反应热。Fukagawa 等人[123]对 Zr-Ti-Ni-Cr-Mn 高熵合金的储氢能力进行了综述，并在 323 K 条件下测量了其 PCI（压力-成分-等温线）曲线。在氢化物形成焓（ΔH）和熵（ΔS）的计算中，作者发现$-\Delta H$ 随着晶格常数的减小而减小，并得出结论：$-\Delta S$ 是氢解吸和吸附过程中产生的自由度，其恒定值为 130 J·mol·K^{-1}。所有样品都显示出良好的可逆性。此外，随着镍含量的增加，氢吸收量减少，滞后性也有所改善。Moore 等人[124]研究了 TiZrNbHfTa 高熵合金，通过计算发现，振动熵与构象熵相结合可以准确预测高熵合金氢化物的分解。在（TiVNb）$_{1-x}$Cr$_x$ 高熵合金的 PCI 曲线中，Strozi 等人[57]发现最大吸氢量并没有随着质量分数的增加而显著降低，而且氢化物的形成是可逆的，只是滞后现象更为严重。因此，随着高熵合金中非氢化物形成元素（Cr）的增加，并没有出现大量的容量损失。通过在 $V_{0.3}Ti_{0.3}Cr_{0.25}Mn_{0.1}Nb_{0.05}$ 高熵合金中用锰代替铁（这在早期研究中已有报道），Liu 等人[77]开发出了一种新型合金，其最大储氢容量为质量分数3.45%。他们测量了 298，323，343 K 下氢气解吸的 PCI 曲线，发现合金解吸分为两相，表现为压力平台倾斜和解吸不完全。使用 Van't Hoff 方程计算解吸焓的结果为 31.1 kJ/mol 和 101.8 kJ/mol，表明氢化物相对稳定。Montero 等人[125]通过电弧熔炼和球磨制备了 TiVZrNi 高熵合金，并在氢环境中通过反应研磨生成了金属氢化物。使用 PCI 测试合金吸附氢的能力。在常温下，电弧熔炼法生产的 TiVZrNi 高熵合金具有优异的吸附特性。在完全吸氢后，使用 TDS 对合金的解吸特性进行检测，结果显示出相似的曲线趋势。这与通过反应研磨制备的金属氢化物形成鲜明对比，后者的解吸温度更低，解吸动力学更好。Silva 等人[114]使用 CALPHAD 方法设计了三种具有相同 VEC（4.87）的 BCC 结构高熵合金，即（TiVNb）$_{85}$Cr$_{15}$，（TiVNb）$_{96.2}$Ni$_{3.8}$ 和（TiVNb）$_{95.3}$Co$_{4.7}$。这三种高熵合金的析氢过程分为两步，最终达到 1.6～2.0 H/M。根据图 1.13（b）中的 Van't Hoff 图计算出这三种高熵合金的熵和焓，它们与 Mg$_2$Ni 和 TiVZrNbHf 氢化物的熵和焓相当，但高于 LaNi$_5$ 相关金属间化合物的熵和焓。为了更好地理解循环效应，使用 TDS 研究这三种合金的热解吸行为。结果表明，解吸行为不仅受到 VEC 的影响，还受到 Cr、Co 和 Ni 取代的影响。最近，Andrade 等人[126]研究了一种新的同原子 TiZrNbCrFeNi 高熵合金，并测量了在 303，353，373，473 K 下两个周期的 PCI 曲线，而没有进行活化。在 473 K 时，合金可逆地吸收和解吸了质量分数为 1.1% 的氢，表现出非常好的可逆性能。此外，测得的 PCT 曲线缺乏清晰的压力平台，著者推测这可能是因为 C14 Laves 结构中的氢吸收仅通过间隙固溶机制进行。

1.4.3　容量

高熵合金的成分、晶体结构、原子尺寸和形状、孔隙结构以及表面形貌都会影响其储氢能力。此外，氢压、温度和循环周期等储氢条件也会影响它们的储氢能力。在设计储氢高熵合金时，必须考虑上述因素，并进行合理优化设计，以获得更高的储氢能力。2016 年，Sahlberg 等人[36]发现 TiVZrNbHf 高熵合金的储氢容量可接近 2.5 H/M（质量分数为 2.7%）。Karlsson 等人[115]研究了 TiVZrNbHf 高熵合金的吸氢机理，在氢化过程中，TiVZrNbHf 高熵合金经历了从 BCC 结构到 BCT 结构的相变。中子衍射显示，氢原子占据了四面体和八面体间隙，这也是该合金具有高储氢能力的原因之一。Montero 等人[85]发现，加入轻质金属 Mg 不仅改变了高熵合金的循环特性，还提高了其储氢能力。最近，Serrano 等人[127]利用热力学计算设计了三种高熵合金，即 Ti$_{35}$V$_{35}$Nb$_{20}$Cr$_5$Mn$_5$、Ti$_{32}$V$_{32}$Nb$_{18}$Cr$_9$Mn$_9$ 和 Ti$_{27.5}$V$_{27.5}$Nb$_{20}$Cr$_{12.5}$Mn$_{12.5}$，并测试了它们在室温下的吸氢动力学。如图 1.13（c）所示，Ti$_{27.5}$V$_{27.5}$Nb$_{20}$Cr$_{12.5}$Mn$_{12.5}$ 高熵合金的吸氢动力学在 450 min 后突然加速，饱和吸氢率达到 3.38%（质量分数）。然而，经过吸氢和放氢循环后，该合金的最大储氢能力和动力学特性明显下降。表 1.4 对文献报道的不同高熵合金的储氢特性进行了汇总。

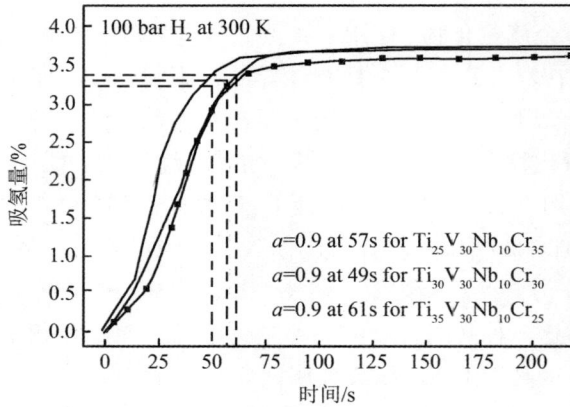

（a）300 K时TiVNbCr高熵合金的氢吸收动力学[121]

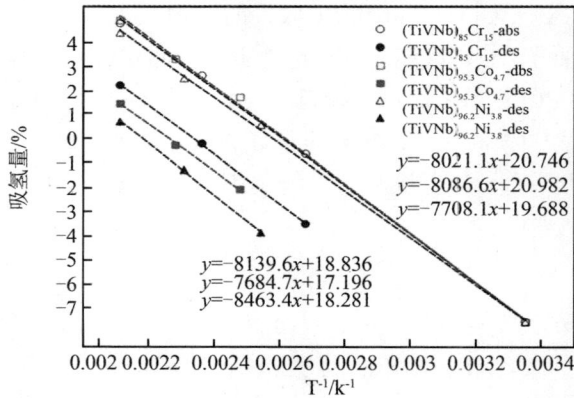

（b）(TiVNb)$_{85}$Cr$_{15}$、(TiVNb)$_{95.3}$Co$_{4.7}$和(TiVNb)$_{96.2}$Ni$_{3.8}$高熵合金的Van't Hoff图[114]

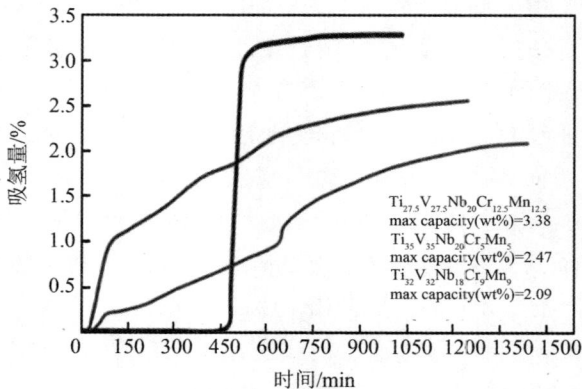

（c）在 25 ℃、2 MPa H$_2$条件下铸造合金的活化曲线和最大吸氢能力[127]

图 1.13　TiVNb 基合金的储氢性能

表 1.4 不同高熵合金的储氢特性汇总表

高熵合金	合成方法	合金相	氢化物相	容量(质量分数)/%	H/M	温度/K	文献
ZrTiVCrFeNi	LENS	C14 Laves(major) α-Ti solid solution(minor)	—	1.810	—	—	[93]
TiZrNbMoV	LENS(300W)	BCC(major) αZr-rich(minor)	FCC δ TiH$_x$ BCC NbH$_{-0.4}$ αZr-rich	2.300	—	—	[92]
TiZrNbMoV	LENS(1000W)	BCC	BCC	0.610	—	—	[92]
LaNiFeVMn	LENS	α+La(Ni,Mn)$_5$	FCC+La(Ni,Mn)$_5$	0.830	—	308	[94]
TiVZrNbHf	AM	BCC	FCC/BCT	2.700	2.50	572	[36,115]
TiZrNbHfTa	AM	BCC	BCT/FCC	1.700	—	573	[122]
Ti$_{0.325}$V$_{0.275}$Zr$_{0.125}$Nb$_{0.275}$	BM	BCC	BCT	2.500	1.70	523	[125]
Ti$_{0.325}$V$_{0.275}$Zr$_{0.125}$Nb$_{0.275}$	AM	BCC	BCT	2.500	1.75	298	[125]
Ti$_{0.325}$V$_{0.275}$Zr$_{0.125}$Nb$_{0.275}$	RBM	BCC	BCT	2.000	1.25	298	[125]
Ti$_{0.30}$V$_{0.25}$Zr$_{0.10}$Nb$_{0.25}$Ta$_{0.10}$	AM	BCC	BCT/FCC	2.500	2.00	298	[44]
Mg$_{0.10}$Ti$_{0.30}$V$_{0.25}$Zr$_{0.10}$Nb$_{0.25}$	BM	BCC	FCC	2.700	1.50	298	[85]
Al$_{0.10}$Ti$_{0.30}$V$_{0.25}$Zr$_{0.10}$Nb$_{0.25}$	AM	BCC	BCT	2.600	1.60	298	[128]
Ti$_{0.30}$V$_{0.25}$Zr$_{0.10}$Nb$_{0.25}$Mo$_{0.10}$	AM	BCC	FCC	2.800	2.00	298	[128]
Ti$_{0.30}$V$_{0.25}$Cr$_{0.10}$Zr$_{0.10}$Nb$_{0.25}$	AM	BCC	FCC	3.000	2.00	298	[82]
Al$_{0.10}$Ti$_{0.30}$V$_{0.30}$Nb$_{0.30}$	AM	BCC	FCC	—	1.60	298	[71]
Ti$_{0.30}$V$_{0.25}$Zr$_{0.10}$Nb$_{0.25}$Mn$_{0.10}$	AM	BCC	FCC	—	2.00	298	[132]
Ti$_{0.30}$V$_{0.25}$Zr$_{0.10}$Nb$_{0.25}$Fe$_{0.10}$	BM/RBM	BCC	FCC	—	1.16	298	[132]

表1.4(续)

高熵合金	合成方法	合金相	氢化物相	容量(质量分数)/%	H/M	温度/K	文献
Ti$_{0.30}$V$_{0.25}$Zr$_{0.10}$Nb$_{0.25}$Co$_{0.10}$	BM	BCC	FCC	—	1.23	298	[132]
Ti$_{0.30}$V$_{0.25}$Zr$_{0.10}$Nb$_{0.25}$Ni$_{0.10}$	BM/RBM	BCC	FCC	—	1.10	298	[132]
Ti$_{0.30}$V$_{0.25}$Zr$_{0.10}$Nb$_{0.25}$Cu$_{0.10}$	BM/RBM	BCC	FCC	—	1.35	298	[132]
Ti$_{0.30}$V$_{0.25}$Zr$_{0.10}$Nb$_{0.25}$Zn$_{0.10}$	BM/RBM	BCC	FCC	—	1.18	298	[132]
TiZrHfMoNb	AM	BCC/FCC	FCC	1.940	2.00	—	[120]
TiZrHfScMo	AM	BCC	FCC	2.140	—	—	[133]
Ti$_{0.20}$Zr$_{0.20}$Hf$_{0.20}$Mo$_{0.10}$Nb$_{0.30}$	AM	BCC	FCC	1.120	—	—	[134]
Ti$_{0.20}$Zr$_{0.20}$Hf$_{0.20}$Mo$_{0.20}$Nb$_{0.20}$	AM	BCC	FCC	1.540	—	—	[134]
Ti$_{0.20}$Zr$_{0.20}$Hf$_{0.20}$Mo$_{0.30}$Nb$_{0.10}$	AM	BCC	BCT	1.180	—	—	[134]
Ti$_{0.20}$Zr$_{0.20}$Hf$_{0.20}$Mo$_{0.40}$	AM	BCC	BCT	1.400	—	—	[134]
TiZrVMoNb	—	BCC	FCC	0.920	2.05	—	[58]
Ti$_{0.20}$Zr$_{0.20}$Hf$_{0.20}$Mo$_{0.40}$Nb$_{0.40}$	—	BCC	FCC	2.650	1.50	573	[135]
TiZrHfMoNbPt$_{0.0025}$	AM	BCC	FCC	1.749	—	293	[136]
TiZrHfMoNbPd$_{0.0025}$	AM	BCC	FCC	1.764	—	293	[136]
TiZrNbTa	AM+suction casting	BCC	FCT ε-ZrH2, FCT ε-TiH2, α-(Nb, Ta) H	1.670	—	293	[100]
TiZrNbTa	AM+suction casting	BCC	—	1.250	—	493	[100]
Ti$_{0.2}$Zr$_{0.2}$Nb$_{0.2}$V$_{0.2}$Cr$_{0.17}$Fe$_{0.03}$	AM	BCC+FCC	FCC-Monohydride	1.730	—	298	[134]

表 1.4（续）

高熵合金	合成方法	合金相	氢化物相	容量（质量分数）/%	H/M	温度/K	文献
$CoFeMnTiVZr$	AM+ melt spinning	C14 Laves	C14_1 C14_2	1.700	—	—	[99]
$Ti_{20}Zr_{20}V_{20}Nb_{20}Ta_{20}$	AM	BCC	—	1.600	—	—	[138]
$Ti_{25}Zr_{25}Nb_{15}V_{15}Ta_{20}$	AM	BCC	—	1.700	—	—	[138]
$Ti_{20}Zr_{20}V_{15}Nb_{15}Ta_{15}Hf_{15}$	AM	BCC	—	1.500	—	—	[138]
$ZrTiVFe$	AM	C14+HCP	C14 Laves	1.670	—	473	[79]
$ZrTiVAl$	AM	C14+HCP	C14 Laves	1.400	—	473	[79]
$(ZrTiVFe)_{80}Al_{20}$	AM	C14+HCP+tetragonal	C14+HCP	1.400	—	473	[35]
$(ZrTiVFe)_{0.95}Cu_{0.05}$	AM	C14（major）, α-Zr(minor), α-Ti	C14+HCP	1.504	—	473	[139]
$(ZrTiVFe)_{0.90}Cu_{0.10}$	AM	C14（major）, α-Ti, α-Zr（minor）	C14+HCP	1.357	—	473	[139]
$(ZrTiVFe)_{0.80}Cu_{0.20}$	AM	C14+ZrTiCu_2+ Cu_8Zr_3	C14+HCP	1.112	—	473	[139]
$MgZrTiFe_{0.5}Co_{0.5}Ni_{0.5}$	BM	BCC	FCC	1.200	—	623	[140]
$Mg_{12}Al_{11}Ti_{33}Mn_{11}Nb_{33}$	BM	BCC	—	1.750	1.05	548	[141]
$MgVAlCrNi$	BM	BCC	—	0.300	0.10	—	[88]
$MgTiNbCr_{0.5}Mn_{0.5}Ni_{0.5}$	BM/RBM	BCC	FCC	1.600	—	—	[142]
$Mg_{50.68}TiNbNi_{0.55}$	BM/RBM	BCC	FCC	1.600	—	—	[142]
$TiZrCrMnFeNi$	AM	C14 Laves	C14（major）+cubic phase（minor）	1.700	1.00	303	[97]
$TiZrNbFeNi$	AM	C14 Laves	C14 Laves	1.640	1.17	305	[81]
$Ti_{20}Zr_{20}Nb_5Fe_{40}Ni_{15}$	AM	C14 Laves（major）+BCC（minor）	C14 Laves	1.380	0.95	305	[81]

表 1.4（续）

高熵合金	合成方法	合金相	氢化物相	容量（质量分数）/%	H/M	温度/K	文献
$(TiVNb)_{85}Cr_{15}$	AM	BCC	FCC	3.180	2.00	298	[114]
$(TiVNb)_{95.3}Co_{4.7}$	AM	BCC	FCC	3.110	2.00	298	[114]
$(TiVNb)_{96.2}Ni_{3.8}$	AM	BCC	FCC	3.170	1.90	298	[114]
$(TiVNb)_{85}Cr_{15}$	AM	BCC（major）+FCC（minor）	CaF_2-type（major）+FCC（minor）	3.000	1.90	297	[57]
$(TiVNb)_{75}Cr_{25}$	AM	BCC（major）+FCC（minor）	CaF_2-type（major）+FCC（minor）	2.700	1.70	297	[57]
$(TiVNb)_{65}Cr_{35}$	AM	BCC（major）+FCC（minor）	BCC（major）+Ti-rich FCC（minor）	2.800	1.70	297	[57]
TiZrNbCrFe	AM	C14+BCC	C14+FCC	1.950	1.35	303	[56]
TiZrNbCrFe	AM	C14+BCC	C14+FCC	1.900	1.32	473	[56]
MgAlTiFeNi	BM	BCC	FCC	1.000	—	598	[84]
MgAlTiFeNi	RBM	BCC	FCC	0.940	—	—	[84]
$Ti_{31}V_{26}Nb_{26}Zr_{12}Fe_5$	AM	BCC+C14	FCC+C14	2.920	1.90	298	[143]
$Ti_{31}V_{26}Nb_{26}Zr_{12}Co_5$	AM	BCC+C14	FCC+C14	2.890	1.90	298	[143]
$Ti_{31}V_{26}Nb_{26}Zr_{12}Ni_5$	AM	BCC+C14	FCC+C14	2.930	1.90	298	[143]
TiZrNbCrFeNi	AM	C14 Laves	C14 Laves	1.500	0.90	303	[143]
$Mg_{35}Al_{15}Ti_{25}V_{10}Zn_{15}$	BM	BCC+Mg	$FCC+MgH_2+BCT+MgZn_2$	2.500	—	648	[144]
$Mg_{35}Al_{15}Ti_{25}V_{10}Zn_{15}$	RBM	BCC+Mg	$FCC+MgH_2$	2.750	—	—	[144]
$Ti_{0.24}V_{0.17}Zr_{0.17}Mn_{0.17}Co_{0.17}Fe_{0.08}$	RF induction melting	C14 Laves	C14 Laves	0.530	—	698	[145]
$CoFeMnTi_2VZr$	AM	C14 Laves	C14 Laves	1.820	—	298	[19]

表 1.4（续）

高熵合金	合成方法	合金相	氢化物相	容量（质量分数）/%	H/M	温度/K	文献
$CoFeMnTiV_{2.6}Zr$	AM	C14 Laves	C14 Laves	1.600	—	298	[19]
$CoFeMnTiVZr_{2.3}$	AM	C14 Laves	C14 Laves	1.800	—	298	[19]
$CrMnTiVZr$	AM	C14 Laves	C14 Laves	2.230	—	278	[118]
$CrFeMnTiVZr_2$	AM	C14 Laves	C14 Laves	2.170	—	278	[118]
$CrFe_{1.5}MnTiVZr$	AM	C14 Laves	C14 Laves	1.140	—	353	[118]
$CrFeMnTiVZr_{0.5}$	AM	C14 Laves	C14 Laves	1.140	—	278	[118]
$MgTiVCrFe$	BM+HPT	BCC	$BCC+\alpha\text{-}MgH_2$	0.300	—	303	[86]
$V_{0.3}Ti_{0.3}Cr_{0.25}Mn_{0.1}Nb_{0.05}$	AM	BCC	FCC	3.450	—	298	[77]
$ZrTiNbMoCr$	AM+melt spinning	C14 Laves	C14 Laves	—	—	—	[146]
$ZrTiVNiCrFe$	AM	C14 Laves	C14 Laves	1.600	—	298	[98]
$AlCrFeMnNiW$	BM	BCC+FCC	BCC+FCC	0.615	—	298	[87]
$Ti_{20}Zr_{20}V_{70}Cr_{20}Ni_{20}$	AM	C14 Laves	C14 Laves	1.520	—	305	[147]
$TiZrFeMnCrV$	AM	C14 Laves	C14 Laves	1.800	—	273	[130]
$TiVZrNbTa$	EBM-PDME	BCC	FCC	1.600	1.50	673	[83]
$AlMg_2TiZn$	BM	BCC	FCC	1.350~1.400	—	583~643	[148]
$Zr_{0.2}Ti_{0.2}Ni_{0.2}Cr_{0.2}Mn_{0.2}$	AM	C14+B2	—	1.660	—	323	[123]
$Ti_4V_3NbCr_2$	AM	BCC	FCC	3.700	2.01	300	[149]
$Ti_{27.5}V_{27.5}Nb_{20}Cr_{12.5}Mn_{12.5}$	AM	BCC	FCC	3.380	2.10	298	[127]
$Ti_{35}V_{30}Nb_{10}Cr_{25}$	AM	BCC	FCC	3.720	—	300	[121]

1.4.4　循环性能

高熵合金在吸氢和解吸循环过程中的循环性能是其作为储氢材料的重要性能指标，主要包括循环稳定性和循环寿命。根据 Montero 等人的研究[44]，$Ti_{0.30}V_{0.25}Zr_{0.10}Nb_{0.25}Ta_{0.10}$高熵合金的储氢能力在第一个循环后逐渐下降，直到第八个循环达到稳定状态，此时储氢能力约为初始能力的 86%（1.71 H/M；质量分数为 2.19%）。室温下的最大吸氢量为 2.0 H/M（质量分数为 2.5%）。尽管储氢能力略有下降，但合金及其氢化物的结构并未出现严重的相分离和氧化现象。作者还报告说，如图 1.14（a）所示，添加 Mg 改善了 TiVZrNb 高熵合金的循环性能[85]。可以看出，五元合金 $Mg_{0.10}Ti_{0.30}V_{0.25}Zr_{0.10}Nb_{0.25}$ 的最大储氢容量高于四元合金 $Ti_{0.325}V_{0.275}Zr_{0.125}Nb_{0.275}$，其储氢容量在第二次循环后稳定在质量分数为 2.4%。因此，在难熔高熵合金中添加镁可以提高氢吸收和解吸循环的可逆性。对 $Al_{0.10}Ti_{0.30}V_{0.25}Zr_{0.10}Nb_{0.25}$ 高熵合金也进行了类似的研究[128]。根据 Bouzidi 等人的研究[129]，在 $Ti_{0.325}V_{0.275}Zr_{0.125}Nb_{0.275}$ 合金的循环过程中，加入 10% 的 Mo 不仅增强了氢吸收动力学，还优化了其循环特性。Chen 等人[130]通过电弧熔炼和机械球磨制备了单一 C14 Laves 结构的 TiZrFeMnCrV 高熵合金，实现了最大储氢容量 1.80%（质量分数）。在第一个循环后，储氢容量基本保持在 1.73%~1.76%（质量分数），这表明该材料具有很强的可逆储氢性能，尽管在经过 50 个循环的吸氢和放氢测试后，$t_{0.9}$ 有所降低，不过，在所研究的循环范围内，$t_{0.9}$ 未超过 60 s。为了调节储氢高熵合金的储氢温度和压力，Mohammadi 等人[131]使用了结合能的概念。他们创建并合成了 $Ti_xZr_{2-x}CrMnFeNi$ 高熵合金（$x = 0.4 \sim 1.6$），并通过对该合金系列的 PCT 和动力学测试发现，$Ti_{0.4}Zr_{1.6}CrMnFeNi$ 高熵合金的性能非常出色。如图 1.14（b）和 1.14（c）所示，在第 4、30、100、1000 次循环后，该合金的储氢能力在整个循环过程中几乎保持不变，PCT 曲线也没有明显变化。

1.5　高熵合金的成本

用于储氢的高熵合金的价格因多个变量而异，包括原材料价格、制备方法、加工、测试、运输和管理。原材料的成本是一个主要考虑因素。如图 1.10 所示，钒、钛、铬、锰和其他元素经常用于储氢高熵合金。图 1.15 总结了形成氢化物的元素、其市场价格（单位：澳元/千克）和丰度[150]。其中的数据仅供参考，因为在提取纯元素的过程中会涉及多个工序，而且随着时间的推移，市场变化和价格变化也会很大，因此会出现差异[150]。高熵合金储氢材料可使用各种技术制备，这些技术的成本可能因所使用的设备和技术而异。

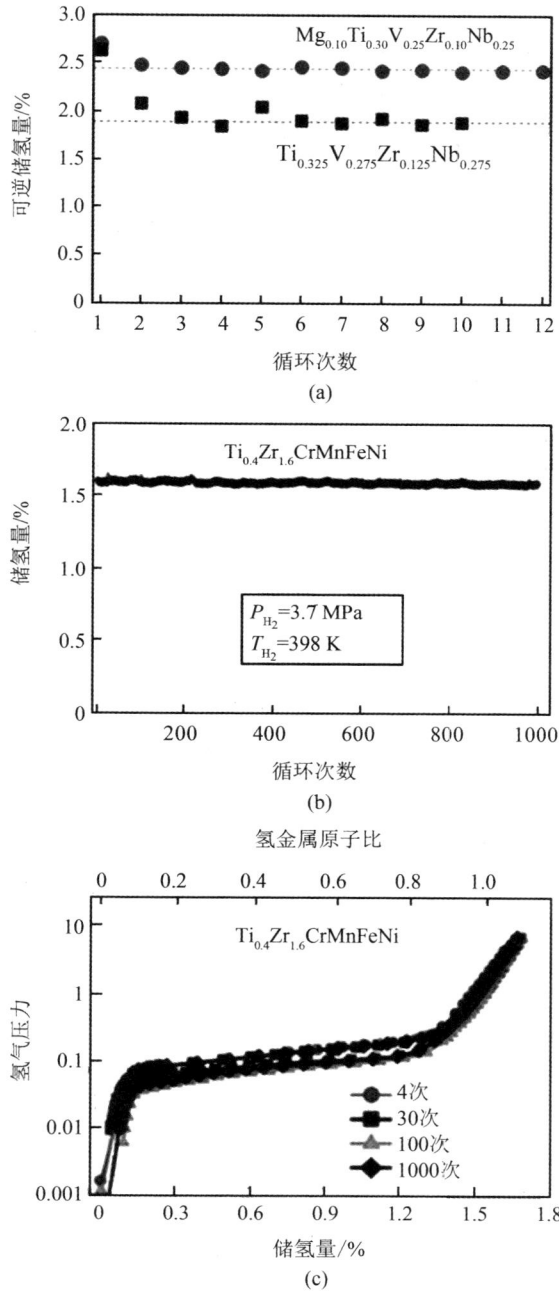

(a)

(b)

氢金属原子比

(c)

图 1.14　高熵储氢合金的循环性能

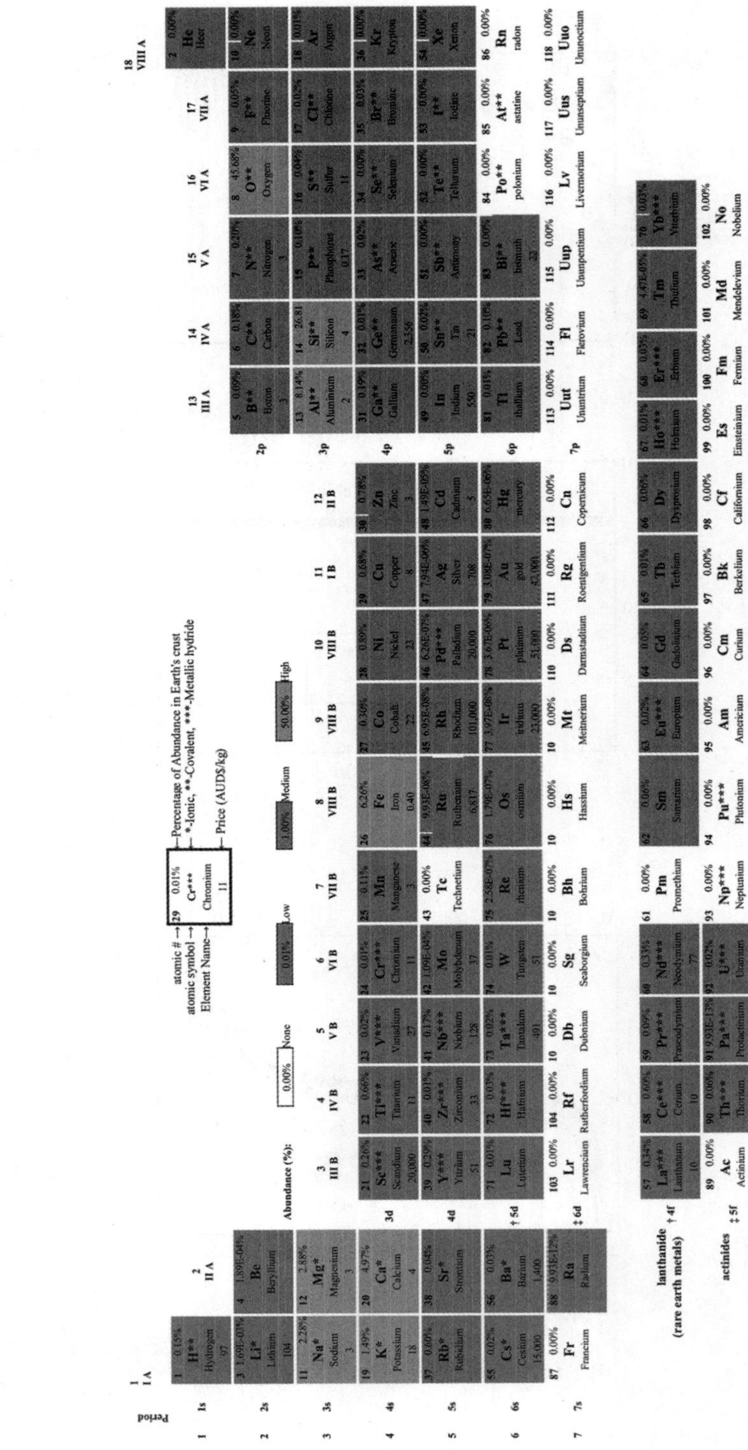

atomic # →	29	0.01%	→ Percentage of Abundance in Earth's crust
atomic symbol →	Cr***		*-Ionic, **-Covalent, ***-Metallic hydride
Element Name →	Chromium		
	11		→ Price (AUD$/kg)

Abundance (%): 　0.00% None　　0.01% Low　　1.00% Medium　　50.00% High

Period	1 I A																	18 VIII A
1　1s	1　0.15% H** Hydrogen 97	2 II A											13 III A	14 IV A	15 V A	16 VI A	17 VII A	2　0.00% He Helium
2　2s	3　1.69E-03% Li* Lithium 104	4　1.89E-04% Be Beryllium 1										2p	5　0.00% B** Boron 1	6　0.18% C** Carbon	7　0.20% N** Nitrogen 1	8　45.68% O** Oxygen 3	9　0.05% F** Fluorine 11	10　0.00% Ne Neon
3　3s	11　2.28% Na* Sodium 1	12　2.88% Mg* Magnesium 1	3 III B	4 IV B	5 V B	6 VI B	7 VII B	8 VIII B	9 VIII B	10 VIII B	11 I B	12 II B 3p	13　8.14% Al** Aluminium 2	14　26.81 Si** Silicon 4	15　0.10% Phosphorus 0.17	16　0.04% S** Sulfur 11	17　-0.02% Cl** Chlorine	18　0.01% Ar Argon
4　4s	19　1.49% K* Potassium 18	20　4.97% Ca* Calcium 4	3d 21　0.26% Sc*** Scandium 20,000	22　0.66% Ti*** Titanium 11	23　0.02% V*** Vanadium 27	24　0.01% Cr*** Chromium 11	25　0.11% Mn Manganese	26　6.26% Fe Iron 0.40	27　0.30% Co Cobalt 22	28　0.89% Ni Nickel 23	29　0.68% Cu Copper 8	30　0.78% Zn Zinc 3 4p	31　0.19% Ga Gallium	32　0.01% Ge** Germanium 2,556	33　0.02% As** Arsenic	34　0.00% Se** Selenium	35　0.03% Br** Bromine	36　0.00% Kr Krypton
5　5s	37　0.60% Rb* Rubidium	38　0.04% Sr* Strontium	4d 39　0.29% Y*** Yttrium 51	40　0.01% Zr*** Zirconium 33	41　0.17% Nb*** Niobium 128	42　0.00% Mo Molybdenum 37	43 Tc Technetium	44　9.93E-08% Ru Ruthenium 6,817	45　5.03E-08% Rh Rhodium 101,000	46　6.26E-07% Pd*** Palladium 20,000	47　7.94E-06% Ag Silver 708	48　1.49E-05% Cd Cadmium 5 5p	49　0.00% In Indium 550	50　0.02% Sn** Tin 21	51　0.00% Sb** Antimony	52　0.00% Te** Tellurium	53　0.00% I** Iodine	54　0.00% Xe Xenon
6　6s	55　0.02% Cs* Cesium 15,000	56　0.03% Ba* Barium 1,400	† 5d 71　0.01% Lu Lutetium	72　0.03% Hf*** Hafnium	73　0.02% Ta*** Tantalum 491	74　0.01% W Tungsten 51	75　2.58E-05% rhenium	76 Os osmium	77　3.97E-08% Ir iridium 23,000	78　1.79E-06% Pt platinum 51,000	79　3.08E-07% Au gold 43,000	80　6.65E-06% Hg mercury 6p	81 Tl thallium	82　0.10% Pb** Lead	83 Bi** bismuth 22	84 Po** polonium	85 At** astatine	86 Rn radon
7　7s	87　0.00% Fr Francium	88　9.93E-12% Ra Radium	‡ 6d 103　0.00% Lr Lawrencium	104　0.00% Rf Rutherfordium	10　0.00% Db Dubnium	10　0.00% Sg Seaborgium	10　0.00% Bh Bohrium	10 Hs Hassium	10　0.00% Mt Meitnerium	110　0.00% Ds Darmstadtium	111　0.00% Rg Roentgentium	112　0.00% Cn Copernicum 7p	113　0.00% Uut Ununtrium	114　0.00% Fl Flerovium	115　0.00% Uup Ununpentium	116　0.00% Lv Livermorium	117　0.00% Uus Ununseptium	118　0.00% Uuo Ununoctium

lanthanide (rare earth metals) † 4f	57　0.34% La*** Lanthanum 16	58　0.60% Ce*** Cerium 10	59　0.09% Pr*** Praseodymium	60　0.33% Nd*** Neodymium 77	61　0.00% Pm Promethium	62　0.06% Sm Samarium	63　0.02% Eu*** Europium	64　0.05% Gd Gadolinium	65　0.01% Tb Terbium	66　0.00% Dy Dysprosium	67　0.01% Ho*** Holmium	68　0.03% Er*** Erbium	69　4.47E-05% Tm Thulium	70　0.03% Yb*** Ytterbium
actinides ‡ 5f	89　0.00% Ac Actinium	90　0.00% Th*** Thorium	91　9.93E-13% Pa*** Protactinium	92　0.02% U*** Uranium	93 Np*** Neptunium	94　0.00% Pu*** Plutonium	95 Am Americium	96 Cm Curium	97 Bk Berkelium	98 Cf Californium	99　0.00% Es Einsteinium	100　0.00% Fm Fermium	101 Md Mendelevium	102 No Nobelium

图1.15　用于设计储氢材料的元素的价格和丰度

在此，仅从原材料的角度讨论成本问题。根据 Fu 等人的研究[151]，合金的中位价格随着成分数量的增加而增加(见图 1.16)，当达到六成分系统时，中位价格大约增加了一个数量级；混合元素会提高平均价格，因为组合中包含价格较高组别元素的可能性较高。这表明，如果在进行合金设计时不考虑价格因素，那么即使与目前的特种金属相比，所产生的高熵合金价格也很可能是昂贵的。他们还注意到，随着合金复杂程度的提高，可能的合金价格也会大幅下降，从 $N=1$ 时的近五个数量级下降到 $N=6$ 时的约两个数量级。Lai 等人[150]认为，原始储氢合金(A_xB_y)的成本($CO_{A_xB_y}$)可由以下因素确定：

$$CO_{A_xB_y} = \frac{CO_A \times \frac{x}{x+y} \times N_A + CO_B \times \frac{y}{x+y} \times N_B}{\frac{x}{x+y} \times N_A + \frac{y}{x+y} \times N_B} \qquad (1.14)$$

其中，CO_A、CO_B 分别对应元素 A 和 B 的成本，\$/kg；x 和 y 分别为元素 A 和 B 的量；N_A 和 N_B 分别为摩尔质量，g/mol。

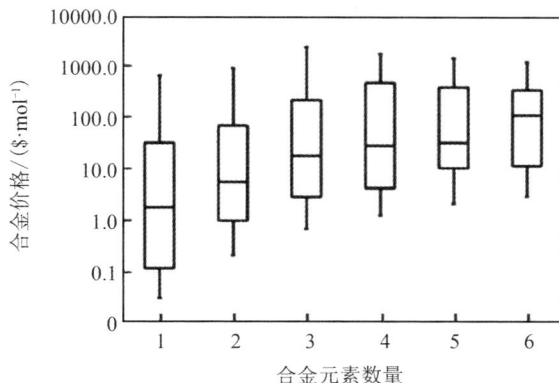

图 1.16　随着元素数量的增加，合金价格的变化范围(单位：\$/mol)[151]

通过使用单一元素的成本，可以根据公式(1.14)确定具有(非)化学成分的二元合金到高级二元合金的成本。如需了解更多信息，请查阅参考文献[150-151]。

1.6　其他氢相关应用

对储氢高熵合金的总结表明，相对原子质量高的过渡金属元素通常用作合金成分，从而将其储氢能力降至相对较低的水平。例如，TiZrNbMoV 高熵合金的质量容量在 1.78% ~ 2.30%[92]。因此，大多数高熵合金被认为不适合用于储氢。不过，高熵合金还有其他与氢有关的应用。

1.6.1　储氢材料催化剂

具有可调晶格畸变、活化位点和微观结构的高熵合金被认为是用于各种催化反应的独特材料，作为其他储氢材料的催化剂已被广泛研究[152-155]。氢化镁（MgH_2）是一种很有前景的储氢候选材料，但其吸氢放氢速度比较慢。催化添加被认为是改善镁基氢化物动力学的最有效方法之一。Zhang 等人[152]研究了等原子 TiVNb 基高熵合金作为 MgH_2 的催化剂。结果表明，C14 Laves 结构的 TiVNbZrFe 高熵合金在改善 MgH_2 的脱氢/加氢动力学和循环特性方面显示出卓越的催化效果。MgH_2-TiVNbZrFe 在约 209 ℃时开始释放氢气，比纯 MgH_2 低近 170 ℃。此外，MgH_2-TiVNbZrFe 脱氢的表观活化能可降至 63.03 kJ/mol，比纯 MgH_2 低约 90 kJ/mol。Wan 等人[153]报道了 FeCoNiCrMn 高熵合金负载 MgH_2 以及高熵合金对 Mg/MgH_2 储氢性能的影响。铁钴镍铬锰合金对氢离解和重组反应具有很高的催化活性，并成功地将脱氢反应的活化能从 151.9 kJ/mol 降低到 90.2 kJ/mol。Cermak 等人[154]通过高能球磨制备了 Mg（质量分数为 10%）高熵合金成分。研究结果表明，与纯镁相比，该成分的氢解吸活化能明显降低。Wang 等人[155]也研究了使用高熵合金作为催化剂来提高 MgH_2 的储氢性能。结果表明，添加 Mn 对高熵合金催化剂的性能有很大影响。MgH_2-CrMnFeCoNi 复合材料在 300 ℃下 10 min 内可释放质量分数为 6.5% 的 H_2，并在 40 ℃下开始吸收 H_2。上述研究结果充分显示了高熵合金作为催化剂在其他储氢材料中的有益应用。这些优异的催化效果可能由于是高熵合金在多组分之间发挥协同作用的鸡尾酒效应，从而提高了整体催化效率。

1.6.2　其他应用

高熵合金还可用作氢气压缩材料，这对氢气应用也非常重要。例如，TiCrFe 基高熵合金氢压缩材料可使金属氢化物氢压缩机的末级压缩单元在 45 MPa 以上[156-157]。高熵合金还可用作镍氢电池的电极材料，以提高高速放电性能[158-159]。

金属晶格中含有氢原子是高熵合金与传统合金结构差异的一个指标[133]。高熵合金领域的另一个重要研究领域是氢对合金体系机械特性的影响[160-171]。根据 Zhang 等人的研究[172]，$Ni_{20}Fe_{20}Mo_{10}Co_{35}Cr_{15}$ 高熵合金可在酸性和碱性电解质中用作氢沉淀电催化剂。这种双重功能拉近了储氢与高熵合金的距离。Li 等人[173]研究了电子密度分布不均匀对 TiZrTaNbAl 高熵合金中氢分布的影响。结果表明，电子密度对 TiZrTaNbAl 高熵合金中的氢分布有显著影响。这项研究为设计具有高储氢能力和高抗氢脆性能的材料提供了新的思路。此外，高熵合金在氚储存方面也具有巨大潜力，Zhang 等人[174]对此进行了全面评论。

参考文献

[1]   IEA. Hydrogen [EB/OL]. [2024-02-01]. https://www. iea. org/fuels-and-technologies/hydrogen.

[2]   ELERT G. Energy density of Hydrogen.[EB/OL].[2024-02-02]. https://hypertextbook.com/facts/2005/MichelleFung.shtml.

[3]   Pacific Northwest National Laboratory. Basic Hydrogen Properties. Hydrogen Tools [EB/OL]. [2024-02-03]. https://h2tools. org/hyarc/hydrogen-data/basic-hydrogen-properties.

[4]   LI L R, LUO L, CHEN L P, et al.Nanoscale microstructures and hydrogenation properties of an as-cast vanadium-based medium entropy alloy[J/OL]. Int J hydrogen energy, 2023, 48(75): 29230-29239[2024-02-05].https://doi.org/10.1016/j.ijhydene.2023.03.465.

[5]   USMAN M R.Hydrogen storage methods: review and current status[J/OL]. Renew sust energ rev, 2022, 167: 112743[2024-02-05].https://doi.org/10.1016/j.rser.2022.112743.

[6]   SOUZA E C, TICIANELLI E A. Effect of partial substitution of nickel by tin, aluminum, manganese and palladium on the properties of $LaNi_5$-type metal hydride alloys[J/OL]. J Brazil Chem Soc, 2003, 14: 544-550[2024-02-06].https://doi.org/10.1590/S0103-50532003000400009.

[7]   LE T T, PISTIDDA C, NGUYEN V H, et al. Nanoconfinement effects on hydrogen storage properties of MgH_2 and $LiBH_4$[J/OL].Int J hydrogen energy, 2021, 46(46): 23723-23736[2024-02-07].https://doi.org/10.1016/j.ijhydene.2021.04.150.

[8]   PADHEE S P, ROY A, PATI S.Role of Mn-substitution towards the enhanced hydrogen storage performance in FeTi[J/OL].Int J hydrogen energy, 2022, 47 (15): 9357-93571[2024-02-08]. https://doi.org/10.1016/j.ijhydene.2022.01.032.

[9]   REILLY JJJR, WISWALL RHJR. Reaction of hydrogen with alloys of magnesium and nickel and the formation of Mg_2NiH_4[J/OL].Inorg Chem, 1968, 7: 2254-2256[2024-02-09].https://doi.org/10.1021/ic50069a016.

[10]   SINGH B K, SINGH A K, IMAM M A, et al.Studies on the synthesis, characterization and hydrogenation behaviour of new $Zr_{1-x}Mm_x(Cr_{0.8}Mo_{0.2})_2$ AB2-type hydrogen storage materials[J/OL].J alloy compd, 2003, 354(1/2): 315-320[2024-02-10].https://doi.org/10.1016/S0925-8388(03)00025-2.

[11]   Department of Energy. DOE Technical Targets for Onboard Hydrogen Storage

for Light-Duty Vehicles. U.S. Department of Energy[EB/OL].[2024-02-10]. https://www.energy.gov/.

[12]　LUO L, LI Y M, YUAN Z M, et al. Nanoscale microstructures and novel hydrogen storage performance of as cast $V_{47}Fe_{11}Ti_{30}Cr_{10}RE_2$(RE=La, Ce, Y, Sc) medium entropy alloys[J/OL]. J Alloy Compd, 2022, 913: 165273 [2024-02-10]. https://doi.org/10.1016/j.jallcom.2022.165273.

[13]　ALI N A, ISMAIL M. Modification of $NaAlH_4$ properties using catalysts for solid-state hydrogen storage: a review[J/OL]. Int J hydrogen energy, 2021, 46(1): 766-782[2024-02-11]. https://doi.org/10.1016/j.ijhydene.2020.10.011.

[14]　NIERMANN M, TIMMERBERG S, DRÜNERT S, et al. Liquid organic hydrogen carriers and alternatives for international transport of renewable hydrogen[J/OL]. Renew Sust Energ Rev, 2021, 135: 110171[2024-02-12]. https://doi.org/10.1016/j.rser.2020.110171.

[15]　MURTY B S, YEH J W, RANGANATHAN S. Chapter 1-A brief history of alloys and the birth of high-entropy alloys[J/OL]. High Entropy Alloys. Boston: Butterworth-Heinemann, 2014:1-12[2024-02-13]. https://doi.org/10.1016/B978-0-12-800251-3.00001-8.

[16]　SMITH C S. Four outstanding researches in metallurgical history[M]. American Society for Testing and Materials: West Conshohocken, PA, USA, 1963:1-35.

[17]　YEH J W, CHEN S K, LIN S J, et al. Nanostructured high-entropy alloys with multiple principal elements: novel alloy design concepts and outcomes [J/OL]. Adv Eng Mater, 2004, 6(5): 299-303[2024-02-14]. https://doi.org/10.1002/adem.200300567.

[18]　CANTOR B, CHANG I T H, KNIGHT P, et al. Microstructural development in equiatomic multicomponent alloys[J/OL]. Mater Sci Eng A, 2004, 375-377: 213-218[2024-02-15]. https://doi.org/10.1016/j.msea.2003.10.257.

[19]　KAO Y F, CHEN S K, SHEU J H, et al. Hydrogen storage properties of multi-principal-component $CoFeMnTi_xV_yZr_z$ alloys[J/OL]. Int J hydrogen energy, 2010, 35(17): 9046-9059[2024-02-16]. https://doi.org/10.1016/j.ijhydene.2010.06.012.

[20]　MARQUES F, BALCERZAK M, WINKELMANN F, et al. Review and outlook on high-entropy alloys for hydrogen storage[J/OL]. Energ Environ Sci, 2021, 14:5191-5227[2024-02-17]. https://doi.org/10.1039/D1EE01543E.

[21]　YANG F S, WANG J, ZHANG Y, et al. Recent progress on the development

of high entropy alloys（HEAs）for solid hydrogen storage：a review［J/OL］. Int J hydrogen energy，2022，47（21）：11236-11249［2024-02-18］. https：//doi.org/10.1016/j.ijhydene.2022.01.141.

［22］ MURTY B S, YEH J W, RANGANATHAN S, et al. 2-high-entropy alloys：basic concepts［J/OL］. High-entropy alloys（second edition），Elsevier，2019：13-30［2024-02-18］. https：//doi. org/10. 1016/B978-0-12-816067-1. 00002-3.

［23］ CAMARGO P H C, DAVID G R, DAVID E L. Introduction to the Thermodynamics of Materials［J/OL］. J Mater Sci，2018，53：9363-9367［2024-02-19］. https：//doi.org/10.1007/s10853-018-2265-9.

［24］ SWALIN R A, ARENTS J. Thermodynamics of solids［J/OL］. J Electrochem Soc，1962，109：308C［2024-02-20］. https：//doi.org/10.1149/1.2425309.

［25］ YEH J W. Recent progress in high entropy alloys［J/OL］. Eur J Control，2006，31（6）：633-648［2024-02-21］. https：//doi.org/ 10.3166/acsm.31. 633-648.

［26］ SENKOV O N, WILKS G B, MIRACLE D B, et al. Refractory high-entropy alloys［J/OL］. Intermetallics，2010，18（9）：1758-1765［2024-02-22］. https：//doi.org/10.1016/j.intermet.2010.05.014.

［27］ SENKOV O N, WILKS G B, SCOTT J M, et al. Mechanical properties of $Nb_{25}Mo_{25}Ta_{25}W_{25}$ and $V_{20}Nb_{20}Mo_{20}Ta_{20}W_{20}$ refractory high entropy alloys［J/OL］. Intermetallics，2011，19（5）：698-706［2024-02-23］. https：//doi. org/10.1016/j.intermet.2011.01.004.

［28］ MIRACLE D B, SENKOV O N. A critical review of high entropy alloys and related concepts［J/OL］. Acta Mater，2017，122：448-511［2024-02-24］. https：//doi.org/10.1016/j.actamat.2016.08.081.

［29］ TSAI M H, YEH J W. High-entropy alloys：a critical review［J/OL］.Mater Res Lett，2014，2（3）：107-123［2024-02-24］.https：//doi. org/10. 1080/ 21663831.2014.912690.

［30］ YEH J W. Alloy design strategies and future trends in high-entropy alloys［J/OL］.JOM-US，2013，65：1759-1771［2024-02-23］. https：//doi. org/10. 1007/s11837-013-0761-6.

［31］ OTTO F, YANG Y, BEI H, et al. Relative effects of enthalpy and entropy on the phase stability of equiatomic high-entropy alloys［J/OL］. Acta Mater，2013，61：2628-2638［2024-02-24］. https：//doi. org/10. 1016/j. actamat. 2013.01.042.

［32］ SONG H, TIAN F, HU Q M, et al. Local lattice distortion in high-entropy alloys[J/OL].Phys Rev Mater, 2017, 1(2): 23404[2024-02-24].https://doi.org/10.1103/PhysRevMaterials.1.023404.

[33] HE Q, YANG Y.On Lattice Distortion in High Entropy Alloys[J/OL].Front Mater, 2018, 5: 42 [2024-02-25]. https://doi. org/10. 3389/fmats. 2018.00042.

[34] YEH J W, CHANG S Y, HONG Y D, et al.Anomalous decrease in X-ray diffraction intensities of Cu-Ni-Al-Co-Cr-Fe-Si alloy systems with multi-principal elements[J/OL].Mater Chem Phys, 2007, 103(1):41-46[2024-03-01].https://doi.org/10.1016/j.matchemphys.2007.01.003.

[35] MA X F, DING X, CHEN R R, et al. Study on hydrogen storage property of (ZrTiVFe)Al high-entropy alloys by modifying Al content[J/OL].Int J hydrogen energy, 2022,47(13):8409-8418[2024-03-01].https://doi.org/10.1016/j.ijhydene.2021.12.172.

[36] SAHLBERG M, KARLSSON D, ZLOTEA C, et al.Superior hydrogen storage in high entropy alloys[J/OL].Sci Rep-UK, 2016, 6: 36770[2024-03-01]. https://doi.org/10.1038/srep36770.

[37] ZHANG Y, ZHOU Y J, LIN J P, et al. Solid-Solution Phase Formation Rules for Multi-component Alloys[J/OL].Adv Eng Mater, 2008, 10(6): 534-538[2024-03-02].https://doi.org/10.1002/adem.200700240.

[38] TONG C J, CHEN Y L, YEH J W, et al. Microstructure characterization of Al_xCoCrCuFeNi high-entropy alloy system with multiprincipal elements[J/OL].Metall Mater Trans A, 2005, 36: 881-893[2024-03-03].https://doi.org/10.1007/s11661-005-0283-0.

[39] TSAI K Y, TSAI M H, YEH J W.Sluggish diffusion in Co-Cr-Fe-Mn-Ni high-entropy alloys[J/OL].Acta Mater, 2013, 61(13): 4887-4897[2024-03-04].https://doi.org/10.1016/j.actamat.2013.04.058.

[40] TUNES M A, LE H, GREAVES G, et al.Investigating sluggish diffusion in a concentrated solid solution alloy using ion irradiation with in situ TEM[J/OL].Intermetallics, 2019, 110: 106461[2024-03-05].https://doi.org/10.1016/j.intermet.2019.04.004.

[41] VINEYARD G H.Theory of order-disorder kinetics[J/OL].Phys Rev, 1956, 102(4): 981[2024-03-06].https://doi.org/10.1103/PhysRev.102.981.

[42] RANGANATHAN S.Alloyed pleasures: multimetallic cocktails[J/OL].Curr Sci India, 2003, 85(10): 1404-1406[2024-03-07]. https://doi. org/10.1038/nature02146.

[43] CHENG C Y, YANG Y C, ZHONG Y Z, et al.Physical metallurgy of con-

centrated solid solutions from low-entropy to high-entropy alloys[J/OL]. Curr Opin Solid St Mater, 2017, 21(6): 299-311[2024-03-07].https://doi.org/10.1016/j.cossms.2017.09.002.

[44] MONTERO J, EK G, LAVERSENNE L, et al. Hydrogen storage properties of the refractory Ti-V-Zr-Nb-Ta multi-principal element alloy[J/OL].J Alloy Compd, 2020, 835: 155376 [2024-03-08]. https://doi.org/10.1016/j.jallcom.2020.155376.

[45] YANG X, ZHANG Y.Prediction of high-entropy stabilized solid-solution in multi-component alloys[J/OL].Mater Chem Phys, 2012, 132(2/3): 233-238[2024-03-09].https://doi.org/10.1016/j.matchemphys.2011.11.021.

[46] GUO S, NG C, LU J, et al. Effect of valence electron concentration on stability of FCC or BCC phase in high entropy alloys[J/OL].J Appl Phys, 2011, 109: 103505[2024-03-10].https://doi.org/10.1063/1.3587228.

[47] NYGÅRD M M, EK G, KARLSSON D, et al. Counting electrons: a new approach to tailor the hydrogen sorption properties of high-entropy alloys[J/OL].Acta Mater, 2019, 175: 121-129 [2024-03-11]. https://doi.org/10.1016/j.actamat.2019.06.002.

[48] EDALATI P, FLORIANO R, MOHAMMADI A, et al. Reversible room temperature hydrogen storage in high-entropy alloy TiZrCrMnFeNi[J/OL].Scripta Mater, 2020, 178: 387-390 [2024-03-12]. https://doi.org/10.1016/j.scriptamat.2019.12.009.

[49] ZLOTEA C, BOUZIDI A J MONTERO, EK G, et al. Compositional effects on the hydrogen storage properties in a series of refractory high entropy alloys [J/OL].Front Energy Res, 2022, 10: 991447[2024-03-14].https://doi.org/10.3389/fenrg.2022.991447

[50] CHENG B, LI Y K, LI X X, et al.Solid-state hydrogen storage properties of Ti-V-Nb-Cr high-entropy alloys and the associated effects of transitional metals(M = Mn, Fe, Ni) [J/OL].Acta Metall Sin-Engl,2023,36:1113-1122 [2024-03-15].https://doi.org/10.1007/s40195-022-01403-9.

[51] DONG Y, LU Y P, JIANG L, et al.Effects of electro-negativity on the stability of topologically close-packed phase in high entropy alloys[J/OL]. Intermetallics, 2014, 52: 105-109[2024-03-16].https://doi.org/10.1016/j.intermet.2014.04.001.

[52] YE Y F, WANG Q, LU J, et al.The generalized thermodynamic rule for phase selection in multicomponent alloys[J/OL]. Intermetallics, 2015, 59: 75-80[2024-03-17].https://doi.org/10.1016/j.intermet.2014.12.011.

［53］ YE Y F, WANG Q, LU J, et al. Design of high entropy alloys: a single-parameter thermodynamic rule［J/OL］.Scripta Mater, 2015, 104: 53-55［2024-03-18］.https://doi.org/10.1016/j.scriptamat.2015.03.023.

［54］ WANG Z, HUANG Y, YANG Y, et al. Atomic-size effect and solid solubility of multicomponent alloys［J/OL］.Scripta Mater, 2015, 94: 28-31［2024-03-19］.https://doi.org/10.1016/j.scriptamat.2014.09.010.

［55］ SINGH A K, KUMAR N, DWIVEDI A, et al.A geometrical parameter for the formation of disordered solid solutions in multi-component alloys［J/OL］. Intermetallics, 2014, 53: 112-119［2024-03-20］.https://doi.org/10.1016/j.intermet.2014.04.019.

［56］ FLORIANO R, ZEPON G, EDALATI K, et al. Hydrogen storage properties of new A3B2-type TiZrNbCrFe high-entropy alloy［J/OL］.Int J hydrogen energy, 2021, 46: 23757-23766［2024-03-21］. https://doi.org/10.1016/j.ijhydene.2021.04.181.

［57］ STROZI R B, LEIVA D R, ZEPON G, et al.Effects of the chromium content in (TiVNb)$_{100-x}$ Cr$_x$ body-centered cubic high entropy alloys designed for hydrogen storage applications［J/OL］.Energies, 2021, 14: 3068［2024-03-22］.https://doi.org/10.3390/en14113068.

［58］ HU J, ZHANG J, XIAO H, et al. A first-principles study of hydrogen storage of high entropy alloy TiZrVMoNb［J/OL］.Int J hydrogen energy, 2021, 46: 21050-21058［2024-03-23］. https://doi.org/10.1016/j.ijhydene.2021.03.200.

［59］ AMIRI A, REZA S Y.Recent progress of high-entropy materials for energy storage and conversion［J/OL］.J Mater Chem A, 2018, 6: 4948-4954［2024-03-24］.https://doi.org/10.1039/C7TA10374C.

［60］ ZEPON G, SILVA B H, ZLOTEA C, et al.Thermodynamic modelling of hydrogen-multicomponent alloy systems: calculating pressure-composition-temperature diagrams［J/OL］.Acta Mater, 2021, 215: 117070［2024-03-25］.https://doi.org/10.1016/j.actamat.2021.117070.

［61］ PEDROSO O A, BOTTA W J, ZEPON G.An open-source code to calculate pressure-composition-temperature diagrams of multicomponent alloys for hydrogen storage［J/OL］.Int J hydrogen energy, 2022, 47(76): 32582-32593［2024-03-26］.https://doi.org/10.1016/j.ijhydene.2022.07.179.

［62］ WITMAN M, EK G, LING S, et al.Data-driven discovery and synthesis of high entropy alloy hydrides with targeted thermodynamic stability［J/OL］. Chem Mater, 2021, 33: 4067-4076［2024-03-27］.https://doi.org/10.1021/

acs.chemmater.1c00647.

[63]　PINEDA-ROMERO N, WITMAN M, STAVILA V, et al. The effect of 10at.% Al addition on the hydrogen storage properties of the $Ti_{0.33}V_{0.33}Nb_{0.33}$ multi-principal element alloy [J/OL]. Intermetallics, 2022, 146: 107590 [2024-03-28].https://doi.org/10.1016/j.intermet.2022.107590.

[64]　LU Z L, WANG J W, WU Y F, et al.Predicting hydrogen storage capacity of V-Ti-Cr-Fe alloy via ensemble machine learning[J/OL].Int J hydrogen energy, 2022, 47(81): 34583-34593[2024-03-29].https://doi.org/10.1016/j.ijhydene.2022.08.050.

[65]　RAHNAMA A, ZEPON G, SRIDHAR S.Machine learning based prediction of metal hydrides for hydrogen storage, part I: Prediction of hydrogen weight percent[J/OL].Int J hydrogen energy, 2019, 44(14): 7337-7344[2024-04-01].https://doi.org/10.1016/j.ijhydene.2019.01.261.

[66]　RAHNAMA A, ZEPON G, SRIDHAR S.Machine learning based prediction of metal hydrides for hydrogen storage, part II: prediction of material class [J/OL].Int J hydrogen energy, 2019, 44(14): 7345-7353[2024-04-02]. https://doi.org/10.1016/j.ijhydene.2019.01.264.

[67]　SUWARNO S, DICKY G, SUYUTHI A, et al.Machine learning analysis of alloying element effects on hydrogen storage properties of AB_2 metal hydrides [J/OL].Int J hydrogen energy, 2022, 47(23): 11938-11947[2024-04-03]. https://doi.org/10.1016/j.ijhydene.2022.01.210.

[68]　AHMED A, SIEGEL D J.Predicting hydrogen storage in MOFs via machine learning[J/OL].Patterns, 2021, 2(7): 100291 [2024-04-04].https://doi.org/10.1016/j.patter.2021.100291.

[69]　RAO Z Y, TUNG P Y, XIE R W, et al.Machine learning-enabled high-entropy alloy discovery[J/OL].Science, 2022, 378(6615): 78-85 [2024-04-05].https://doi.org/10.1126/science.abo4940.

[70]　DORNHEIM M.Tailoring reaction enthalpies of hydrides. In: Hirscher M, editor.Handbook of hydrogen storage[J/OL].Weinheim: WILEY-VCH Verlag GmbH &Co. KGaA, 2010: 187-214 [2024-04-06]. https://doi. org/10.5772/21662.

[71]　ZHANG Y, ZUO T T, TANG Z, et al.Microstructures and properties of high-entropy alloys [J/OL]. Prog Mater Sci, 2014, 61: 1-93 [2024-04-07]. https://doi.org/10.1016/j.pmatsci.2013.10.001.

[72]　JI W, FU Z, WANG W, et al. Mechanical alloying synthesis and spark plasma sintering consolidation of CoCrFeNiAl high-entropy alloy[J/OL].J Al-

loy Compd, 2014, 589: 61-66[2024-04-08].https://doi.org/10.1016/j.jallcom.2013.11.146.

[73] ZHANG W, LIAW P K, ZHANG Y.Science and technology in high-entropy alloys[J/OL].Sci China Mater, 2018, 61: 2-22[2024-04-10].https://doi.org/10.1007/s40843-017-9195-8.

[74] PRASAD H, SINGH S, PANIGRAHI B B.Mechanical activated synthesis of alumina dispersed FeNiCoCrAlMn high entropy alloy[J/OL].J Alloy Compd, 2017, 692: 720-726[2024-04-11].https://doi.org/10.1016/j.jallcom.2016.09.080.

[75] WANG X, GUO W, FU Y.High-entropy alloys: emerging materials for advanced functional applications[J/OL].J Mater Chem A, 2021, 9: 663-701[2024-04-12].https://doi.org/10.1039/D0TA09601F.

[76] SHEN H, ZHANG J, HU J, et al.A novel TiZrHfMoNb high-entropy alloy for solar thermal energy storage[J/OL].Nanomaterials-basel, 2019, 9: 248[2024-04-15].https://doi.org/10.3390/nano9020248.

[77] LIU J, XU J, SLEIMAN S, et al.Hydrogen storage properties of $V_{0.3}Ti_{0.3}Cr_{0.25}Mn_{0.1}Nb_{0.05}$ high entropy alloy[J/OL].Int J hydrogen energy, 2022, 47: 25724-25732[2024-04-17].https://doi.org/10.1016/j.ijhydene.2022.06.013.

[78] EK G, NYGÅRD M M, PAVAN A F, et al.Elucidating the effects of the composition on hydrogen sorption in TiVZrNbHf-based high-entropy alloys[J/OL].Inorg Chem, 2021, 60: 1124-1132[2024-04-18].https://doi.org/10.1021/acs.inorgchem.0c03270.

[79] MA X, DING X, CHEN R, et al.Enhanced hydrogen storage properties of ZrTiVAl$_{1-x}$Fe$_x$ high-entropy alloys by modifying the Fe content. RSC Adv, 2022, 12: 11272-11281[2024-04-20].https://doi.org/10.1039/D2RA01064J.

[80] NYGÅRD M M, EK G, KARLSSON D, et al.Hydrogen storage in high-entropy alloys with varying degree of local lattice strain[J/OL].Int J hydrogen energy, 2019, 44: 29140-29149[2024-04-21].https://doi.org/10.1016/j.ijhydene.2019.03.223.

[81] FLORIANO R, ZEPON G, EDALATI K, et al. Hydrogen storage in TiZrNbFeNi high entropy alloys, designed by thermodynamic calculations[J/OL].Int J hydrogen energy, 2020, 45: 33759-33770[2024-04-22].https://doi.org/10.1016/j.ijhydene.2020.09.047.

[82] BOUZIDI A, LAVERSENNE L, NASSIF V, et al. Hydrogen storage properties of a new Ti-V-Cr-Zr-Nb high entropy alloy[J/OL]. Hydrogen,

2022,3:270-284[2024-04-23].https://doi.org/10.3390/hydrogen3020016.

[83] ZADOROZHNYY V, TOMILIN I, BERDONOSOVA E, et al.Composition design, synthesis and hydrogen storage ability of multi-principal-component alloy TiVZrNbTa[J/OL].J Alloy Compd, 2022, 901: 163638[2024-04-24]. https://doi.org/10.1016/j.jallcom.2022.163638.

[84] CARDOSO K R, ROCHE V, JORGE J R A M, et al.Hydrogen storage in MgAlTiFeNi high entropy alloy[J/OL].J Alloy Compd, 2021, 858: 158357 [2024-04-25].https://doi.org/10.1016/j.jallcom.2020.158357.

[85] MONTERO J, EK G, SAHLBERG M, et al.Improving the hydrogen cycling properties by Mg addition in Ti-V-Zr-Nb refractory high entropy alloy[J/OL]. Scripta mater, 2021, 194: 113699[2024-04-26].https://doi.org/10.1016/ j.scriptamat.2020.113699.

[86] DE MARCO M O, LI Y, LI H W, et al.Mechanical synthesis and hydrogen storage characterization of MgVCr and MgVTiCrFe high-entropy alloy[J/OL]. Adv eng mater, 2020, 22: 1901079 [2024-04-27]. https://doi. org/10. 1002/adem.201901079.

[87] DEWANGAN S K, SHARMA V K, SAHU P, et al.Synthesis and character-ization of hydrogenated novel AlCrFeMnNiW high entropy alloy[J/OL].Int J hydrogen energy, 2020, 45: 16984-16991[2024-04-28]. https://doi. org/ 10.1016/j.ijhydene.2019.08.113.

[88] STROZI R B, LEIVA D R, HUOT J, et al.Synthesis and hydrogen storage behavior of Mg-V-Al-Cr-Ni high entropy alloys [J/OL]. Int J hydrogen energy, 2021, 46: 2351-2361 [2024-04-29]. https://doi. org/10. 1016/j. ijhydene.2020.10.106.

[89] LI Y, CHEN J, CAI P, et al.High-entropy alloys:emerging materials for ad-vanced functional applications[J/OL].J Mater Chem A, 2018, 6: 4948-4954[2024-05-01].https://doi.org/10.1039/C7TA10374C.

[90] BENJAMIN J S, VOLIN T E. The mechanism of mechanical alloying[J]. Metall Trans,1974,5(8):1929-1934.

[91] PRASAD YADAV T, MANOHAR YADAV R, PRATAP SINGH D. Mechanical Milling: a Top Down Approach for the Synthesis of Nanomaterials and Nanocomposites[J/OL].Nanosci and Nanotech, 2012, 2: 22-48[2024-05-02].https://doi.org/10.5923/j.nn.20120203.01.

[92] KUNCE I, POLANSKI M, BYSTRZYCKI J.Microstructure and hydrogen storage properties of a TiZrNbMoV high entropy alloy synthesized using Laser Engineered Net Shaping(LENS)[J/OL].Int J hydrogen energy, 2014, 39:

9904-9910[2024-05-03].https://doi.org/10.1016/j.ijhydene.2014.02.067.

[93] KUNCE I, POLAŃSKI M, BYSTRZYCKI J.Structure and hydrogen storage properties of a high entropy ZrTiVCrFeNi alloy synthesized using Laser Engineered Net Shaping(LENS)[J/OL].Int J hydrogen energy, 2013, 38: 12180-12189[2024-05-04]. https://doi. org/10. 1016/j. ijhydene. 2013. 05.071.

[94] KUNCE I, POLAŃSKI M, CZUJKO T.Microstructures and hydrogen storage properties of La Ni Fe V Mn alloys[J/OL].Int J hydrogen energy, 2017, 42: 27154-27164[2024-05-06]. https://doi. org/10. 1016/j. ijhydene. 2017. 09.039.

[95] BORKAR T, GWALANI B, CHOUDHURI D, et al.A combinatorial assessment of $Al_xCrCuFeNi_2$ (0 < x < 1. 5) complex concentrated alloys: Microstructure, microhardness, and magnetic properties[J/OL].Acta Mater, 2016, 116: 63-76[2024-05-07]. https://doi. org/10. 1016/j. actamat.2016. 06.025.

[96] DE MARCO M, LI Y, LI H W, et al.Mechanical synthesis and hydrogen storage characterization of MgVCr and MgVTiCrFe high-entropy alloy[J/OL]. Adv Eng Mater, 2020, 22: 1901079[2024-05-08]. https://doi. org/10. 1002/adem.201901079.

[97] EDALATI P, FLORIANO R, MOHAMMADI A, et al.Reversible room temperature hydrogen storage in high-entropy alloy TiZrCrMnFeNi[J/OL].Scripta Mater, 2020, 178: 387-390[2024-05-08]. https://doi. org/10. 1016/j. scriptamat.2019.12.009.

[98] ZADOROZHNYY V, SARAC B, BERDONOSOVA E, et al.Evaluation of hydrogen storage performance of ZrTiVNiCrFe in electrochemical and gas-solid reactions[J/OL].Int J hydrogen energy, 2020, 45: 5347-5355[2024-05-10].https://doi.org/10.1016/j.ijhydene.2019.06.157.

[99] SARAC B, ZADOROZHNYY V, BERDONOSOVA E, et al.Hydrogen storage performance of the multi-principal-component CoFeMnTiVZr alloy in electrochemical and gas-solid reactions[J/OL].RSC Adv, 2020, 10: 24613-24623 [2024-05-11].https://doi.org/10.1039/D0RA04089D.

[100] ZHANG C, SONG A, YUAN Y, et al.Study on the hydrogen storage properties of a TiZrNbTa high entropy alloy[J/OL]. Int J hydrogen energy, 2020, 45: 5367-5374[2024-05-12]. https://doi. org/10. 1016/j. ijhydene. 2019.05.214.

[101] ZHANG C,WU Y,YOU L,et al. Investigation on the activation mechanism

of hydrogen absorption in TiZrNbTa high entropy alloy[J/OL]. J Alloy Compd, 2019, 781: 613-620[2024-05-13]. https://doi.org/10.1016/j. jallcom.2018.12.120.

[102] ANTSIFEROV V N, SEROV M M, LEZHNIN V P, et al. About fabrication, properties and application of rapidly cooled fibers[J/OL]. Izv Vysh Uchebn Zaved Poroshk Metall Funkts Pokryt, 2013, 1: 55-58[2024-05-14]. https://doi.org/10.17073/1997-308X-2013-1-55-58.

[103] SENKEVICH K S, SEROV M M, UMAROVA O Z. Fabrication of interme-tallic titanium alloy based on Ti2AlNb by rapid quenching of melt[J/OL]. Met Sci Heat Treat, 2017, 59: 463-466[2024-05-15]. https://doi.org/10. 1007/s11041-017-0172-3.

[104] OUYANG L Z, CAO Z J, WANG H, et al. Application of dielectric barrier discharge plasma-assisted milling in energy storage materials-A review[J/OL]. J Alloy Compd, 2017, 691: 422-435[2024-05-16]. http://dx.doi. org/10.1016/j.jallcom.2016.08.179.

[105] OUYANG L Z, CAO Z J, WANG H, et al. Enhanced dehydriding thermody-namics and kinetics in Mg(In)-MgF2 composite directly synthesized by plasma milling. J Alloy Compd, 2014, 586: 113-117[2024-05-17]. http:// dx.doi.org/10.1016/j.jallcom.2013.10.029.

[106] SEOK-WOO L. Novel Metal-Intermetallic Nanocomposites Seok-Woo Lee's Research Laboratory[EB/OL].[2024-05-17]. https://swlee.engr.uconn. edu/research/advanced-metal-intermetallic-composites/.

[107] ZHANG Y, ZHANG B, LI K, et al. Electromagnetic interference shielding effectiveness of high entropy AlCoCrFeNi alloy powder laden composites[J/OL]. J Alloy Compd, 2018, 734: 220-228[2024-05-18]. https://doi.org/ 10.1016/j.jallcom.2017.11.044.

[108] KAWASAKI M, FIGUEIREDO R B, LANGDON T G. An investigation of hardness homogeneity throughout disks processed by high-pressure torsion [J/OL]. Acta Mater, 2011, 59: 308-316[2024-05-19]. https://doi.org/ 10.1016/j.actamat.2010.09.034.

[109] SURYANARAYANA C. Mechanical alloying and milling[J/OL]. Prog Mater Sci, 2001, 46: 1-184[2024-05-20]. https://doi.org/10.1016/S0079-6425 (99)00010-9.

[110] HUOT J, CUEVAS F, DELEDDA S, et al. Mechanochemistry of metal hy-drides: recent advances[J/OL]. Materials, 2019, 12: 2778[2024-05-21]. https://doi.org/10.3390/ma12172778.

[111] EL-ESKANDARANY M S. Introduction in： mechanical alloying［J/OL］. Elsevier, 2015： 1-12［2024-05-22］. https：//doi. org/10. 1016/B978-1-4557-7752-5.00001-2.

[112] TSAI K Y, TSAI M H, YEH J W. Sluggish diffusion in Co-Cr-Fe-Mn-Ni high-entropy alloys［J/OL］. Acta Mater, 2013, 61： 4887-4897［2024-05-23］.https：//doi.org/10.1016/j.actamat.2013.04.058.

[113] ZHANG Y, MA S G, QIAO J W. Morphology transition from dendrites to e-quiaxed grains for AlCoCrFeNi high-entropy alloys by copper mold casting and bridgman solidification［J/OL］. Metall and Mat Trans A, 2012, 43： 2625-2630［2024-05-25］.https：//doi.org/10.1007/s11661-011-0981-8.

[114] SILVA B H, ZLOTEA C, CHAMPION Y, et al. Design of TiVNb-(Cr, Ni or Co) multicomponent alloys with the same valence electron concentration for hydrogen storage［J/OL］. J Alloy Compd, 2021, 865： 158767［2024-05-26］.https：//doi.org/10.1016/j.jallcom.2021.158767.

[115] KARLSSON D, EK G, CEDERVALL J, et al. Structure and hydrogenation properties of a HfNbTiVZr high-entropy alloy［J/OL］. Inorg Chem, 2018, 57： 2103-2110［2024-05-27］.https：//doi.org/10.1021/acs.inorgchem.7b03004.

[116] KUNCE I, POLANSKI M, BYSTRZYCKI J. Structure and hydrogen storage properties of a high entropy ZrTiVCrFeNi alloy synthesized using Laser Engineered Net Shaping (LENS)［J/OL］. Int J hydrogen energy, 2013, 38： 12180-12189［2024-05-28］. https：//doi. org/10. 1016/j. ijhydene. 2013. 05.071.

[117] EDALATI P, FLORIANO R, MOHAMMADI A, et al. Reversible room temperature hydrogen storage in high-entropy alloy TiZrCrMnFeNi［J/OL］. Scripta Mater, 2020, 178： 387-390［2024-05-29］. https：//doi. org/10. 1016/j.scriptamat.2019.12.009.

[118] CHEN S K, LEE P H, LEE H, et al. Hydrogen storage of C14-$Cr_uFe_vMn_wTi_xV_yZr_z$ alloys［J/OL］. Mater Chem Phys, 2018, 210： 336-347［2024-05-30］.https：//doi.org/10.1016/j.matchemphys.2017.08.008.

[119] ZHAO Y, PARK J M, MURAKAMI K, et al. Exploring the hydrogen absorption and strengthening behavior in nanocrystalline face-centered cubic high-entropy alloys［J/OL］.Scripta Mater, 2021, 203： 114069［2024-06-01］.https：//doi.org/10.1016/j.scriptamat.2021.114069.

[120] HU J, ZHANG J, XIAO H, et al. A density functional theory study of the hydrogen absorption in high entropy alloy TiZrHfMoNb［J/OL］. Inorg Chem, 2020, 59： 9774-9782［2024-06-02］.https：//doi.org/10.1021/acs.inorgchem.0c00989.

[121] CHENG B, KONG L, LI Y, et al. Hydrogen desorption kinetics of $V_{30}Nb_{10}$ $(Ti_xCr_{1-x})60$ high-entropy alloys[J/OL]. Metals, 2023, 13: 230[2024-06-03]. https://doi.org/10.3390/met13020230.

[122] ZLOTEA C, SOW M A, EK G, et al. Hydrogen sorption in TiZrNbHfTa high entropy alloy[J/OL]. J Alloy Compd, 2019, 775: 667-674[2024-06-04]. https://doi.org/10.1016/j.jallcom.2018.10.108.

[123] FUKAGAWA T, SAITO Y, MATSUYAMA A. Effect of varying Ni content on hydrogen absorption-desorption and electrochemical properties of Zr-Ti-Ni-Cr-Mn high-entropy alloys[J/OL]. J Alloy Compd, 2022, 896: 163118[2024-06-05]. https://doi.org/10.1016/j.jallcom.2021.163118.

[124] MOORE C M, WILSON J A, RUSHTON M J D, et al. Hydrogen accommodation in the TiZrNbHfTa high entropy alloy[J/OL]. Acta Mater, 2022, 229: 117832 [2024-06-06]. https://doi.org/10.1016/j.actamat.2022.117832.

[125] MONTERO J, ZLOTEA C, EK G, et al. TiVZrNb multi-principal-element alloy: synthesis optimization, structural, and hydrogen sorption properties[J/OL]. Molecules, 2019, 24: 2799 [2024-06-07]. https://doi.org/10.3390/molecules24152799.

[126] ANDRADE G, ZEPON G, EDALATI K, et al. Crystal structure and hydrogen storage properties of AB-type TiZrNbCrFeNi high-entropy alloy[J/OL]. Int J hydrogen energy, 2023, 48: 13555-13565[2024-06-08]. https://doi.org/10.1016/j.ijhydene.2022.12.134.

[127] SERRANO L, MOUSSA M, YAO J Y, et al. Development of Ti-V-Nb-Cr-Mn high entropy alloys for hydrogen storage[J/OL]. J Alloy Compd, 2023, 945: 169289[2024-06-09]. https://doi.org/10.1016/j.jallcom.2023.169289.

[128] MONTERO J, EK G, LAVERSENNE L, et al. How 10 at% Al addition in the Ti-V-Zr-Nb high-entropy alloy changes hydrogen sorption properties[J/OL]. Molecules, 2021, 26: 2470 [2024-06-10]. https://doi.org/10.3390/molecules26092470.

[129] BOUZIDI A, LAVERSENNE L, ZEPON G, et al. Hydrogen sorption properties of a novel refractory Ti-V-Zr-Nb-Mo high entropy alloy[J/OL]. Hydrogen, 2021, 2: 399-413[2024-06-11]. https://doi.org/10.3390/hydrogen2040022.

[130] CHEN J, LI Z, HUANG H, et al. Superior cycle life of TiZrFeMnCrV high entropy alloy for hydrogen storage[J/OL]. Scripta Mater, 2022, 212: 114548 [2024-06-12]. https://doi.org/10.1016/j.scriptamat.2022.114548.

[131] MOHAMMADI A, IKEDA Y, EDALATI P, et al. High-entropy hydrides for fast and reversible hydrogen storage at room temperature: Binding-energy

engineering via first-principles calculations and experiments［J/OL］. Acta Mater, 2022, 236: 118117［2024-06-13］. https://doi. org/10. 1016/j. actamat. 2022.118117.

［132］ ZLOTEA C, BOUZIDI A, MONTERO J, et al. Compositional effects on the hydrogen storage properties in a series of refractory high entropy alloys［J/OL］. Front in Energy Res, 2022, 10: 991447［2024-06-14］. https://doi.org/10.3389/fenrg.2022.991447.

［133］ HU J, SHEN H, JIANG M, et al. A DFT study of hydrogen storage in high-entropy alloy TiZrHfScMo［J/OL］. Nanomaterials, 2019, 9: 461［2024-06-15］. https://doi.org/10.3390/nano9030461.

［134］ SHEN H, HU J, LI P, et al. Compositional dependence of hydrogenation performance of Ti-Zr-Hf-Mo-Nb high-entropy alloys for hydrogen/tritium storage ［J/OL］. J Mater Sci Technol, 2020, 55: 116-125［2024-06-16］. https://doi.org/10.1016/j.jmst.2019.08.060.

［135］ ZHANG J, LI P, HUANG G, et al. Superior hydrogen sorption kinetics of $Ti_{0.20}$ $Zr_{0.20}Hf_{0.20}Nb_{0.40}$ high-entropy alloy［J/OL］. Metals, 2021, 11: 470［2024-06-17］. https://doi.org/10.3390/met11030470.

［136］ LI P, HU J, HUANG G, et al., Electronic structure regulation toward the improvement of the hydrogenation properties of TiZrHfMoNb high-entropy alloy［J/OL］. J Alloy Compd, 2022, 905: 164150［2024-06-19］. https://doi. org/10. 1016/j.jallcom.2022.164150.

［137］ PARK K B, PARK J Y, KIM Y D, et al. Characterizations of hydrogen absorption and surface properties of $Ti_{0.2}Zr_{0.2}Nb_{0.2}V_{0.2}Cr_{0.17}Fe_{0.03}$ high entropy alloy with dual phases［J/OL］. Met Mater Int, 2022, 28: 565-571［2024-06-20］. https://doi.org/10.1007/s12540-021-01071-x.

［138］ SARAC B, ZADOROZHNYY V, IVANOV Y P, et al. Transition metal-based high entropy alloy microfiber electrodes: corrosion behavior and hydrogen activity［J/OL］. Corros Sci, 2021, 193: 109880［2024-06-21］. https://doi.org/10.1016/j.corsci.2021.109880.

［139］ MA X, DING X, CHEN R, et al. Microstructural features and improved reversible hydrogen storage properties of ZrTiVFe high-entropy alloy via Cu alloying［J/OL］. Int J hydrogen energy, 2022, 48: 2718-2730［2024-06-22］. https://doi.org/10.1016/j.ijhydene.2022.10.130.

［140］ ZEPON G, LEIVA D R, STROZI R B, et al. Hydrogen-induced phase transition of $MgZrTiFe_{0.5}Co_{0.5}Ni_{0.5}$ high entropy alloy［J/OL］. Int J hydrogen energy, 2018, 43: 1702-1708［2024-06-23］. https://doi.org/10.1016/j.ijhydene.2017.11.106.

[141] STROZI R B, LEIVA D R, HUOT J, et al.An approach to design single BCC Mg-containing high entropy alloys for hydrogen storage applications [J/OL].Int J hydrogen energy, 2021, 46: 25555-25561 [2024-06-24]. https://doi. org/10. 1016/j.ijhydene.2021.05.087.

[142] MARQUES F, PINTO H C, FIGUEROA S J A, et al.Mg-containing multi-principal element alloys for hydrogen storage: A study of the $MgTiNbCr_{0.5}Mn_{0.5}Ni_{0.5}$ and $Mg_{0.68}TiNbNi_{0.55}$ compositions [J/OL]. Int J hydrogen energy, 2020, 45: 19539-19552[2024-06-25].https://doi.org/10.1016/j.ijhydene.2020.05.069.

[143] CHANCHETTI L F, HESSEL S B, MONTERO J, et al. Structural characterization and hydrogen storage properties of the $Ti_{31}V_{26}Nb_{26}Zr_{12}M_5$ (M = Fe, Co, or Ni) multi-phase multicomponent alloys [J/OL]. Int J hydrogen energy, 2023, 48: 2247-2255[2024-06-26].https://doi.org/10.1016/j.ijhydene. 2022.10.060.

[144] FERRAZ M D E B, BOTTA W J, ZEPON G.Synthesis, characterization and first hydrogen absorption/desorption of the $Mg_{35}Al_{15}Ti_{25}V_{10}Zn_{15}$ high entropy alloy[J/ OL].Int J hydrogen energy, 2022, 47: 22881-22892 [2024-06-27]. https://doi. org/10.1016/j.ijhydene.2022.05.098.

[145] KUMAR A, YADAV T P, SHAZ M A, et al. Hydrogen storage in C14 type TiVZrMnCoFe high entropy alloy[EB/OL]. https://arxiv.org/abs/ 2301. 04942v1.

[146] HUANG L, LONG M, LIU W, et al.Effects of Cr on microstructure, mechanical properties and hydrogen desorption behaviors of ZrTiNbMoCr high entropy alloys[J/OL]. Mater Lett, 2021, 293: 129718[2024-06-28]. https://doi.org/10.1016/j.matlet.2021.129718.

[147] KUMAR A, YADAV T P, MUKHOPADHYAY N K.Notable hydrogen storage in Ti-Zr-V-Cr-Ni high entropy alloy [J/OL]. Int J hydrogen energy, 2022, 47: 22893-22900 [2024-06-29]. https://doi. org/10. 1016/j. ijhydene.2022.05.107.

[148] CERMAK J, KRAL L, ROUPCOVA P.A new light-element multi-principal-elements alloy $AlMg_2TiZn$ and its potential for hydrogen storage[J/OL].Renew Energ, 2022, 198: 1186-1192 [2024-06-30]. https://doi. org/10. 1016/j.renene.2022.08.108.

[149] CHENG B, LI Y, LI X, et al.Solid-state hydrogen storage properties of Ti-V-Nb-Cr high-entropy alloys and the associated effects of transitional metals (M=Mn, Fe, Ni)[J/OL].Acta Metall Sin, 2023, 36: 1113-1122[2024-07-01].https://doi.org/10.1007/s40195-022-01403-9.

[150] LAI Q W, SUN Y H, WANG T, et al.How to design hydrogen storage materials? Fundamentals, synthesis, and storage tanks[J/OL].Adv Sustainable Syst, 2019, 9: 1900043 [2024-07-02]. https://doi. org/10. 1002/adsu.201900043.

[151] FU X, SCHUH C A, OLIVETTI E A.Materials selection considerations for high entropy alloys[J/OL].Scripta Mater, 2017, 138: 145-150[2024-07-03].https://doi.org/10.1016/j.scriptamat.2017.03.014.

[152] ZHANG J X, LIU H, ZHOU C S, et al.TiVNb-based high entropy alloys as catalysts for enhanced hydrogen storage in nanostructured MgH_2[J/OL].J Mater Chem A, 2023, 11: 4789-4800[2024-07-04]. https://doi. org/10. 1039/d2ta08086a.

[153] WAN H Y, YANG X, ZHOU S M, et al.Enhancing hydrogen storage properties of MgH_2 using FeCoNiCrMn high entropy alloy catalysts[J/OL].J Mater Sci Technol, 2023, 149: 88-98[2024-07-08]. https://doi. org/10. 1016/j.jmst.2022.11.033.

[154] CERMAK J, KRAL L, ROUPCOVA P.Hydrogen storage in TiVCrMo and TiZrNbHf multiprinciple-element alloys and their catalytic effect upon hydrogen storage in Mg[J/OL].Renew Energ, 2022, 188: 411-424[2024-07-09].https://doi.org/10.1016/j.renene.2022.02.021.

[155] WANG L, ZHANG L T, LU X, et al.Surprising cocktail effect in high entropy alloys on catalyzing magnesium hydride for solid-state hydrogen storage[J/OL].Chem Eng J, 2023, 465: 142766[2024-07-10]. https://doi.org/10.1016/j.cej.2023.142766.

[156] LI Q, PENG Z Y, JIANG W B, et al.Optimization of Ti-Zr-Cr-Fe alloys for 45 MPa metal hydride hydrogen compressors using orthogonal analysis [J/OL].J Alloy Compd, 2021, 889: 161629[2024-07-11]. https://doi.org/10.1016/j.jallcom.2021.161629.

[157] PENG Z Y, LI Q, SUN J Y, et al.Ti-Cr-Mn-Fe-based alloys optimized by orthogonal experiment for 85 MPa hydrogen compression materials[J/OL].J Alloy Compd, 2022, 891: 161791[2024-07-12].https://doi.org/10.1016/j.jallcom.2021.161791.

[158] OUYANG L Z, YANG T H, ZHU M, et al.Hydrogen storage and electrochemical properties of Pr, Nd and Co-free $La_{13.9}Sm_{24.7}Mg_{1.5}Ni_{58}Al_{1.7}Zr_{0.14}Ag_{0.07}$ alloy as a nickel-metal hydride battery electrode[J/OL]. J Alloy Compd, 2018, 735: 98-103[2024-07-13].https://doi.org/10.1016/j.jallcom.2017.10.268.

[159] OUYANG L Z, CAO Z J, LI L L, et al.Enhanced high-rate discharge properties of $La_{11.3}Mg_{6.0}Sm_{7.4}Ni_{61.0}Co_{7.2}Al_{7.1}$ with added graphene synthesized by plasma milling[J/OL].Int J hydrogen energy, 2014, 39(24): 12765-12772[2024-07-14].https://doi.org/10.1016/j.ijhydene.2014.06.111.

[160] LUO H, LI Z, RAABE D.Hydrogen enhances strength and ductility of an equiatomic high-entropy alloy[J/OL].Sci Rep-UK, 2017,7: 989[2024-07-15].https://doi.org/10.1038/s41598-017-10774-4.

[161] ZHAO Y, LEE D H, SEOK M Y, et al.Resistance of CoCrFeMnNi high-entropy alloy to gaseous hydrogen embrittlement[J/OL].Scripta Mater, 2017, 135: 54-58[2024-07-16].https://doi.org/10.1016/j.scriptamat.2017.03.029.

[162] LUO H, LU W, FANG X, et al.Beating hydrogen with its own weapon: Nano-twin gradients enhance embrittlement resistance of a high-entropy alloy [J/OL].Mater Today, 2018, 21: 1003-1009.https://doi.org/10.1016/j [2024-07-17].mattod.2018.07.015.

[163] ICHII K, KOYAMA M, TASAN C C, et al.omparative study of hydrogen embrittlement in stable and metastable high-entropy alloys[J/OL].Scripta Mater, 2018, 150: 74-77 [2024-07-18]. https://doi.org/10.1016/j.scriptamat.2018.03.003.

[164] LI X, FENG Z, SONG X, et al.Effect of hydrogen charging time on hydrogen embrittlement of CoCrFeMnNi high-entropy alloy[J/OL].Corros Sci, 2022, 198: 110073 [2024-07-19]. https://doi.org/10.1016/j.corsci.2021.110073.

[165] MOHAMMADI A, NOVELLI M, ARITA M, et al.Gradient-structured high-entropy alloy with improved combination of strength and hydrogen embrittlement resistance[J/OL].Corros Sci, 2022, 200: 110253[2024-07-20].https://doi.org/10.1016/j.corsci.2022.110253.

[166] KOYAMA M, ICHII K, TSUZAKI K.Grain refinement effect on hydrogen embrittlement resistance of an equiatomic CoCrFeMnNi high-entropy alloy [J/OL].Int J hydrogen energy, 2019, 44: 17163-17167[2024-07-21].https://doi.org/10.1016/j.ijhydene.2019.04.280.

[167] LUO H, LI Z, LU W, et al.Hydrogen embrittlement of an interstitial equimolar high-entropy alloy[J/OL].Corros Sci, 2018, 136: 403-408[2024-07-22].https://doi.org/10.1016/j.corsci.2018.03.040.

[168] ZHAO Y, LEE D H, LEE J A, et al.Hydrogen-induced nanohardness variations in a CoCrFeMnNi high-entropy alloy[J/OL].Int J hydrogen energy, 2017,42:12015-12021[2024-07-23].https://doi.org/10.1016/j.ijhydene.

2017.02.061.

[169] ZHU T, ZHONG Z H, REN X L, et al. Influence of hydrogen behaviors on tensile properties of equiatomic FeCrNiMnCo high-entropy alloy[J/OL]. J Alloy Compd, 2022, 892: 162260[2024-07-24]. https://doi.org/10.1016/j.jallcom.2021.162260.

[170] PU Z, CHEN Y, DAI L H. Strong resistance to hydrogen embrittlement of high-entropy alloy[J/OL]. Mater Sci Eng A, 2018, 736: 156-166[2024-07-25]. https://doi.org/10.1016/j.msea.2018.08.101.

[171] LEE J, PARK H, KIM M, et al. Role of hydrogen and temperature in hydrogen embrittlement of equimolar CoCrFeMnNi high-entropy alloy[J/OL]. Met Mater Int, 2021, 27: 166-174[2024-07-26]. https://doi.org/10.1007/s12540-020-00752-3.

[172] ZHANG G, MING K, KANG J, et al. High entropy alloy as a highly active and stable electrocatalyst for hydrogen evolution reaction[J/OL]. Electrochim Acta, 2018, 279: 19-23[2024-07-27]. https://doi.org/10.1016/j.electacta.2018.05.035

[173] LI P C, ZHANG J W, LI H B, et al. Effects of an inhomogeneous electron density distribution on the hydrogen distribution in TiZrTaNbAl multi-principal element alloys[J/OL]. Int J hydrogen energy, 2022, 47(91): 38682-38689.[2024-07-28] https://doi.org/10.1016/j.ijhydene.2022.09.057.

[174] ZHANG J W, HU J T, LI P C, et al. Preliminary assessment of high-entropy alloys for tritium storage[J/OL]. Tungsten, 2021, 3: 119-130[2024-07-30]. https://doi.org/10.1007/s42864-021-00082-w.

第2章

实验仪器和方法

2.1 实验原材料及仪器

实验中所需要的主要原料与仪器,列于表2.1和表2.2中。

表 2.1 实验所需原材料

金属元素	纯度/%	规格	生产厂家
V	99.900	颗粒 6 mm×6 mm×6 mm	中诺新材(北京)科技有限公司
Fe	99.950	颗粒 ϕ2 mm×5 mm	中诺新材(北京)科技有限公司
Ti	99.999	颗粒 1～10 mm	中诺新材(北京)科技有限公司
Cr	99.950	电解片状 1～10 mm	中诺新材(北京)科技有限公司
Mn	99.900	颗粒 3 mm×3 mm×3 mm	中诺新材(北京)科技有限公司

表 2.2 主要实验仪器

仪器名称	型号	厂家
X 射线衍射仪	D8 ADVANCE	德国 BRUKER 公司
场发射扫描电子显微镜	TESCAN GAIA3	捷克 Bron 公司
高分辨透射电子显微镜	JEM-2100	日本电子株式会社
电感耦合等离子体发射光谱仪	Agilent 725	美国安捷伦科技有限公司
能谱仪	Xflash-6160	德国 BRUKER 公司
高压型差示扫描量热仪	DSC 204 HP	德国 NETZSCH 公司
激光粒度分析仪	MASTERSIZER 3000	英国 Malvern 公司
全自动维氏硬度计	Tukon 1102	美国 Buehler 公司
电弧熔炼炉	ZKY-1	沈阳科晶自动化设备有限公司
激光导热仪	LAF467	德国 NETZSCH 公司

2.2 合金制备

合金采用 ZKY-1 型电弧熔炼炉制备，熔炼过程在高纯氩气保护气氛中进行，熔炼电流为 400 A，电压为 35 V。为保证合金成分均匀，合金锭翻转反复熔炼 5 次，熔炼完成后随炉冷却。所得合金锭切割成若干块，表面打磨后一部分进行热处理，一部分在空气中机械破碎并过 200 目筛，进行 ICP、XRD、TEM、PCI 等测试。

2.3 粒度及成分分析

为研究吸氢过程中氢原子扩散系数及吸放氢后颗粒粒度变化，需对合金粒度进行分析。粒度分析选用 Malvern 公司的 MASTERSIZER 3000 型激光粒度分析仪。

使用美国安捷伦生产的 725 型电感耦合等离子体发射光谱仪对合金成分进行分析。通过与理论设计值相比较，判断制备的合金样品是否合格。

2.4 微观结构表征

2.4.1 XRD 分析

合金的相组成和微观结构对合金性能有重要影响，所以研究储氢合金的微观结构很有意义。XRD 分析采用德国 BRUKER 公司生产的 D8 ADVANCE 型 X 射线衍射仪，测试条件：扫描范围 $20°\sim90°$，扫描速度 $0.4°/min$，$CuK\alpha$（$\lambda_{CuK\alpha} = 0.154178$ nm）辐射，45 kV，40 mA，固体探测器。通过对 XRD 图谱进行全谱拟合（Rietveld 结构精修法），得到合金的相组成与晶胞参数。精修拟合通过 MAUD 软件实现。

2.4.2 SEM/EDS 分析

形貌分析是研究合金微观组织的重要手段。可以得知合金相组成、均匀程度等微观信息，并结合能谱分析元素分布，半定量地获得相的合金元素组成。实验中使用捷克 Bron 公司生产的 TESCAN GAIA3 型场发射扫描电子显微镜（FESEM），工作电压为 15 kV，能谱组件为德国 BRUKER 公司生产的 Xflash-6160 型能谱仪。

2.4.3 TEM 表征

将粉碎成粒度小于 200 目的细颗粒在乙醇中进行超声波分散 5 min，将几滴悬浮液置于涂有碳的铜网格上并在真空烤箱中干燥，用透射电子显微镜进行观测。选取合适区域，进行选区电子衍射（SAED），用来分析样品的相组成和微观结构。选取适当区域进行能谱分析，可以观察在该区域中各元素的分布情况。结合透射电子显微镜、选区电子衍射和能谱分析的结果，可以较为准确地判断出样品的微观结构、相组成、晶粒尺寸等信息。实验中使用日本电子株式会社生产的 JEM-2100 型高分辨透射电子显微镜，LaB$_6$ 灯丝，工作电压为 200 kV。

2.4.4　显微硬度分析

为研究颗粒粉化与合金硬度的关系，采用美国 Buehler 公司生产的 Tukon 1102 型全自动维氏硬度计测试合金的维氏硬度。样品合金上下表面打磨平整，机械研磨抛光，得到平整干净的表面，利用 9.8 N 的力保持载荷 10 s。

2.5　吸放氢性能测试

实验选用北京有色金属研究总院研制的 MH-PCI 测试仪，其结构如图 2.1 所示。

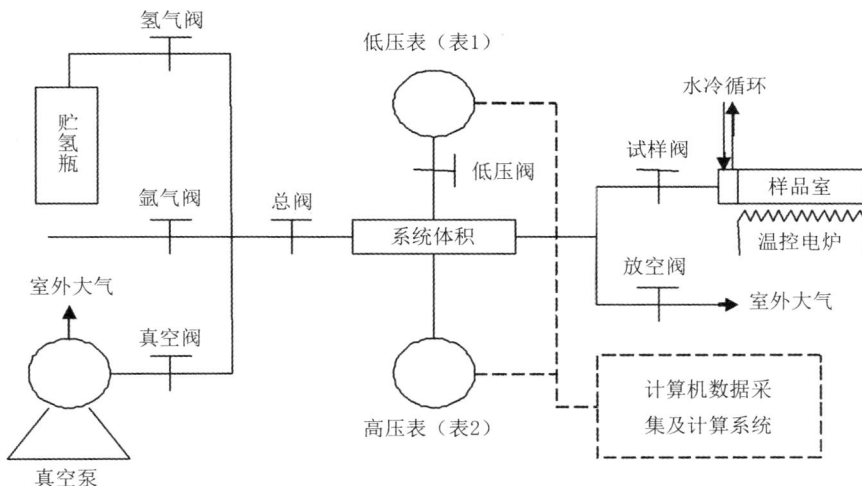

图 2.1　MH-PCI 系统结构示意图

2.5.1　活化性能测试

活化过程按如下步骤进行：

第一步：称量 2 g 合金粉末样品称重后装入样品室，室温下抽真空 1 h 后，给样品室加热至 380 ℃，继续抽真空 0.5 h，从加热炉中拿出样品室，在空气中自然冷却至室温。充入 5 MPa 氢气(纯度为 99.99%)，打开试样阀，合金与氢气发生反应，直至合金停止吸氢。记录吸氢过程中吸氢量随时间的变化。

第二步：吸氢后的合金加热至 380 ℃，并抽真空 0.5 h，自然冷却至室温，充入 5 MPa 氢气(纯度为 99.99%)，合金与氢气发生反应，直至合金停止吸氢。记录吸氢过程中吸氢量随时间的变化。

第三步：重复第二步。直至合金完全活化。

2.5.2　吸放氢动力学测试

合金粉末样品完全活化后，即可以进行吸放氢动力学测试。合金吸放氢动力学曲线是吸放氢量随时间变化的曲线。其中，吸放氢量用定容法测定，根据理想气体状态方程 $PV=nRT$，在温度和体积都是定值的情况下，气体压力的变化 ΔP 能够直接反映气体的变化量 Δn，根据氢气的变化量，可得出吸氢量，即

$$m = 2\Delta n = 2\frac{\Delta PV}{RT} = 2\frac{(P_{t_1} - P_{t_2})V}{RT} \tag{2.1}$$

式中，m 为合金吸氢的质量。

单位质量合金吸氢量为

$$w = \frac{m}{M} \times 100\% = 2\frac{(P_{t_1} - P_{t_2})V}{MRT} \times 100\% \tag{2.2}$$

式中，M 为合金的质量。

在吸氢动力学测试中，系统及样品室抽真空至 1×10^{-4} MPa 以下，关闭试样阀。向系统内充氢气至 5 MPa 左右，打开试样阀，开始记录吸氢动力学曲线。在放氢动力学测试中，记录样品饱和吸氢时样品室压力，关闭试样阀，系统抽真空至 1×10^{-4} MPa 以下，打开试样阀，并记录放氢动力学曲线。

2.5.3　PCI 曲线测试

PCI 曲线的测试依据《氢化物可逆吸放氢压力－组成－等温线（P-C-T）测试方法》(GB/T 33291—2016)进行。合金完全活化后，将系统及样品室的压力抽真空至 1×10^{-4} MPa 以下，然后关闭样品阀，给系统充入少量氢气，记录系统压力 P，打开样品阀，样品开始吸氢，系统压力随时间逐渐减小，待系统压力数值稳定在 P_1 超过 1 h 后，认为样品在此压力 P_1 下吸氢饱和，关闭样品阀，根据理想气体状态方程计算出对应该压力 P_1 下的吸氢量，记录数据[%（质量分数），P_1]；给系统再充入少量氢气，系统压力增加 ΔP，记录此时的系统压力 P，打开样品阀，样品继续吸氢，系统压力随时间继续减小，待系统压力数值稳定超过 1 h 后，认为样品在此压力 P_2 下吸氢饱和，关闭样品阀，根据理想气体状态方程计算出对应该压力 P_2 下的吸氢量，记录数据[%（质量分数），P_2]；以此类推，直至样品室压力为 5 MPa，吸氢 PCI 曲线测试完成。

吸氢 PCI 测试完成后，关闭样品阀，将系统压力 5 MPa 抽真空降低至 P，记录系统压力 P 后，打开样品阀，样品开始放氢，系统压力随时间逐渐增大，待系统压力数值稳定超过 1 h 后，认为样品在此压力 P_1 下放氢饱和，关闭样品阀，根据理想气体状态方程计算出对应该压力 P_1 下的放氢量，记录数据[%（质量分数），P_1]；给系统再抽真空，减少少量氢气，系统压力减小 ΔP，记录此时的系统压力 P，记录系统压力 P 后，打开样品阀，样品继续放氢，系统压力随时

间继续增大，待系统压力数值稳定超过 1 h 后，认为样品在此压力 P_2 下放氢饱和，关闭样品阀，根据理想气体状态方程计算出对应该压力 P_2 下的放氢量，记录数据 $[\%(质量分数)，P_2]$；以此类推，直至样品室压力为 0.01 MPa，放氢 PCI 曲线测试完成。

2.5.4　吸放氢热力学

根据不同温度下 PCI 曲线的平台压力，并通过 Van't Hoff 方程 $\ln[P(H_2)/P_0]=\Delta H/(RT)-\Delta S/R$，画出 $\ln(P/P_0)$ 与 $1000/T$ 拟合曲线。从 $\ln(P/P_0)$ 与 $1000/T$ 拟合曲线的斜率及其在垂直坐标上的截距计算出合金吸放氢的熵变和焓变。

2.6　放氢 DSC 测试

为研究样品在非等温条件下的放氢温度及放氢活化能，合金样品吸氢完全后，称取样品 5.0~30.0 mg，放置于纯铝坩埚中，在高压型差示扫描量热仪（德国 NETZSCH 公司的 DSC 204 HP 型）中进行高温放氢 DSC 测试。测试温度范围为 300~823 K，升温速率为 5，10，20 和 30 K/min，测试过程中通入氩气保护，氩气流量为 50 mL/min。

2.7　导热测试

热导率的测量是采用激光闪射法完成的。测试前，在 750，1125，1500 MPa 的成型压力下，将粉碎至粒度小于 200 目的合金粉末压制成直径为 12.7 mm、厚度约为 2 mm 的圆盘状试样。在成型合金圆片的两侧喷涂石墨后，用激光导热仪（德国 NETZSCH 公司的 LAF467 型）中的脉冲激光（脉冲宽度为 0.6 ms）照射测试样品的一个表面。样品表面开始升温，检测器用于监测样品背面温度随时间上升的情况。在获得圆盘状样品的厚度后，通过监测样品背面随时间变化的温升情况，就可以计算出样品的热扩散率。

第3章

铸态中熵合金微观结构和氢化特性

作为一种能源载体，氢具有改变现有能源系统的巨大潜力[1-3]。相对成熟的氢储存方法包括高压压缩气体和低温液体储存[4]。然而，当氢以液态（70.8 kg/m³，沸点低至 20 K）或压缩气态（在 70 MPa 和室温下约为 40 kg/m³）储存时，其储存密度较低[5-8]。幸运的是，固态储氢是一种更好的选择[9-10]。固态储氢一般通过物理吸附和化学吸收来实现。前者主要通过多孔材料吸附氢气，而后者则通过形成氢化物来吸收氢气[11-12]。物理吸附发生在低温条件下，因此，将其用于实际应用具有挑战性。相比之下，许多合金和金属在中等条件下可与氢发生可逆反应[13-16]。

钒基合金（VBA）的体积储氢密度高达 160 g/L，因此得到了广泛的研究[17-20]。1991 年，Kagawa 等人首次报道了钒钛铬合金，他们的研究结果表明这种合金具有出色的循环稳定性和抗粉化性[21]。此后，Akiba 和 Iba 对 VTiCr 合金进行了系统研究，并提出 BCC 固溶相往往与 Laves 相共存[22]。制备的 $Ti_{25}Cr_{35}V_{40}$ 合金显示出很大的有效氢容量（C_{eff}，质量分数为 2.2%）[22]，引起了广泛关注[23-24]。

由于单氢化物具有较高的热稳定性，因此 VBA 的研究重点是提高其室温下的 C_{eff}。动力学特性在实际应用中也非常重要，需要更加关注。据报道，晶体缺陷是氢扩散的有利通道，氢化物成核的活化能最低[25-26]。因此，晶体中较高比例的缺陷有利于提高氢化动力学性能。晶界是典型的代表性缺陷，可以通过简单明了的方式加以控制。制备纳米晶合金的主要方法有塑性变形法和非晶化法[27-31]。目前，VBA 主要通过电弧熔炼法制备。铸造的 VBA 晶粒为微米级[32-37]。

近年来，多组分合金因其独特的性质吸引了研究人员的广泛关注[38-39]。随着多组分合金的发展，可接受的不同熵值合金分类包括高熵（混合熵 $\Delta S > 1.5R$，R 为气体常数）、中熵（$R \leqslant \Delta S_{mix} \leqslant 1.5 R$）和低熵（$\Delta S_{mix}$

$\langle R \rangle$合金。本书根据非等原子中熵合金（MEA）的设计原则[40]设计了 $V_{45}Fe_{15}Ti_{20}Cr_{20}$ 合金，并通过电弧熔炼制备了这种合金。对铸态 MEA 的微观结构进行了表征，结果表明合金由纳米晶组成。著者利用第一原理计算详细研究了合金的晶格畸变与原子扩散之间的关系，并进一步对合金进行了氢化和脱氢试验，以研究纳米晶体对其储氢性能的影响。结果表明，纳米晶合金具有优异的活化和动力学特性。此外，还利用 X 射线衍射（XRD）研究了合金在氢化过程中的相变，并分析了氢化过程中合金晶格常数和各组成相的质量分数。

在本章中，对合金还进行了第一性原理计算，采用了基于伪势平面波（PPW）方法和 DFT 的维也纳从头算仿真软件包（VASP）[41]。电子投影增强波方法[42]被用来预测离子和价电子之间的相互作用。Perdew-Burke-Ernzerhof 广义梯度近似法[43]被用来确定交换相关函数。电子占位采用 Methfessel-Paxton 方法[44]确定，其中涂抹宽度为 0.01 eV。对所有自洽环路进行迭代，直到相邻迭代步之间测得的系统总能量差小于 1×10^{-4} eV。平面波的截止能量为 500 eV。

第一原理模型采用了 BCC 超胞，其中包含 108 个原子，体积为 $0.933 \times 0.933 \times 1.866$ nm^3。所有原子均按照随机解原理分布。结构优化分两步完成。第一步，固定原子位置和晶胞的形状变化，只允许结构膨胀或收缩。松弛后的结构被用作参考状态，即没有剪切应变的"理想晶格"。第二步，对原子位置、晶胞体积和形状进行松弛。经过第二步松弛后，由于各成分原子半径的差异和性质的不匹配，每个原子都偏离了"理想晶格"的晶格结构，形成了"扭曲晶格"。为了消除热波动对晶格畸变的影响，在进行 DFT 计算时将温度设定为 0 K。

从头算分子动力学（AIMD）模拟使用的是恒温系统，温度设定为 700 K，并使用 Nose-Hoover 方法进行控制[45]。使用典型集合（NVT）[46]模拟了一个具有固定能量和粒子数的孤立系统。模拟步长为 0.5 fs。整个模拟设置为 1 万步，即物理时间在 ps 数量级。

原子扩散系数用于测量原子扩散。平均原子扩散系数（ADC）与均方位移（MSD）密切相关。MSD 是指原子在某一时刻相对于初始时刻的位移，其计算公式为

$$MSD = \langle |r(t) - r(0)|^2 \rangle \tag{3.1}$$

其中，r 表示某一时刻的位置；$\langle \rangle$ 表示该原子组中所有原子的计算结果。

可以简单地将 ADC 视为 MSD 斜率的函数：MSD 的斜率越大，ADC 就越大。二者之间的具体关系可以用以下立方晶体系统的公式来量化：

$$ADC = \lim_{t \to \infty} \frac{1}{6t} \langle \, | \, r(t) - r(0) \, |^2 \, \rangle \tag{3.2}$$

3.1 合金的微观结构

$V_{45}Fe_{15}Ti_{20}Cr_{20}$高熵合金的 XRD 图谱如图 3.1（a）所示。这表明合金由 BCC 结构的主相［空间群号为 Im-3m（229），晶格常数 $a = 0.3012(1)$ nm］和少量的第二相组成。BCC 结构主相的晶格常数小于纯钒（ICSD-43619）的 0.3026（1）nm。此外，还可以看到合金的 XRD 衍射峰有一定程度的增宽，分别对应（002）和（112）晶面。扫描电子显微镜图像［图 3.1（b）］显示，合金由 BCC 相（白色）基体和分散在基体中的第二相（黑灰色）组成。通过场发射扫描电子显微镜的详细检查发现了合金令人惊讶的微观结构特征，即除了 BCC 基体中的微米级第二相外，基体中还均匀地分散着大量纳米级第二相。为了进一步研究纳米结构，著者将其形貌放大并在场发射扫描电子显微镜下进行观察［图 3.1（c）］。纳米相的直径约为 100 nm，数密度为 $5.0 \times 10^{20}/m^3$。因此，其微观形态类似于充满数百万个孔隙的皮肤（BCC 基质）（第二相）。相邻两个纳秒相之间的距离仅为数百纳米。BCC 和第二相由 V、Ti、Cr 和 Fe 组成，如图 3.1（c）所示的 EDS 图谱所示。很明显，第二相富含钛。表 3.1 列出了主要相和次要相的 EDS 点分析数据。

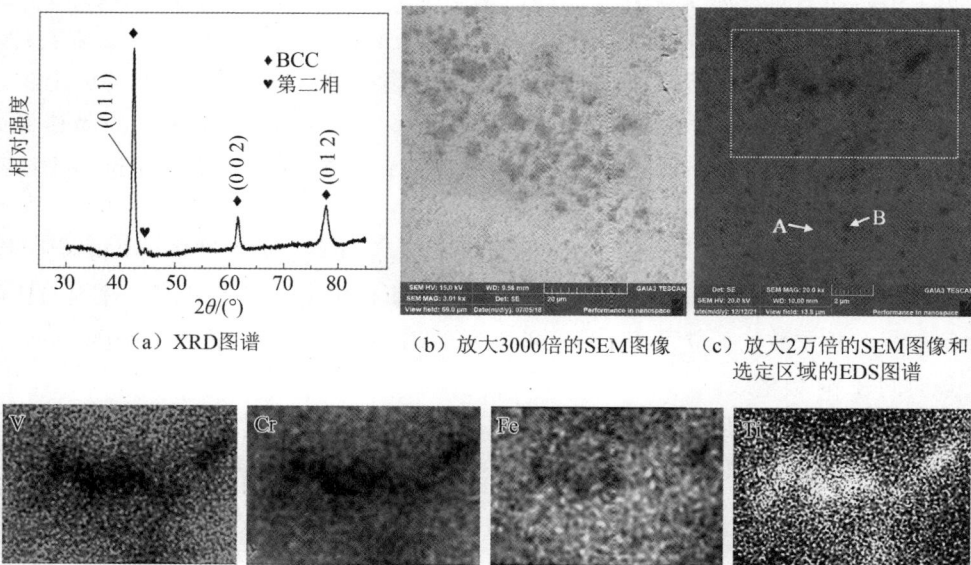

（a）XRD图谱　　（b）放大3000倍的SEM图像　　（c）放大2万倍的SEM图像和选定区域的EDS图谱

图 3.1　$V_{45}Fe_{15}Ti_{20}Cr_{20}$合金的微观结构

表 3.1　不同的 EDS 数据

区域	元素	原子分数比/%	相对误差/%
A	V	46	3.72
	Cr	22	1.99
	Ti	16	1.64
	Fe	16	1.40
B	Ti	60	5.07
	V	20	1.92
	Fe	14	1.53
	Cr	6	0.58

为了进一步研究 $V_{45}Fe_{15}Ti_{20}Cr_{20}$ 合金的纳米结构特征，还对其进行了 TEM 扫描。图 3.2（a）和（b）分别显示了明场（BF）和暗场（DF）图像。从试样颗粒边缘区域获得的明场图像显示出明显的纳米晶结构。暗场图像［图 3.2（b）］也显示了纳米晶结构，粉末颗粒边缘（较薄区域）的结晶就是证明，晶粒直径约为 20 nm。根据 Scherrer 方程计算，晶粒大小约为 15.6 nm。选区电子衍射（SAED）图样［图 3.2（c）］显示了合金的多晶结构。SAED 图样和高分辨率透射电子显微镜（HRTEM）显微照片［图 3.2（d）］显示，可以观察到 BCC 和 Laves 纳米晶相。这意味着之前通过 XRD 和 SEM 观察到的富钛次生相就是 Laves 相，它通常存在于 ViTiCr 合金中[22]。通过快速傅里叶变换（FFT）衍射对 HRTEM 显微照片子区域中各相的识别也证实了这一结论，详细信息如图 3.2（e）和（f）所示。

在高熵合金（HEAs 混合熵 $\Delta S_{mix} > 1.5R$，ΔS_{mix} 可表示为：$\Delta S_{conf} = -R \sum_{i=1}^{n} c_i \ln c_i$，其中，$c_i$ 是第 i 种成分的原子分数，R 是气体常数[47-49]）中，存在著名的迟滞扩散效应，它是著名的四种高熵合金"核心效应"之一[50-53]。迟滞扩散效应导致合金中晶粒生长受限，并形成细小晶粒。在 $V_{45}Fe_{15}Ti_{20}Cr_{20}$ 合金中，ΔS_{mix} 为 $1.29R$，因此属于中熵合金（$R < \Delta S_{mix} < 1.5R$[48]）。然而，显微结构表征显示，合金呈现出可能只存在于高熵合金中的纳米晶结构。这意味着本研究中中熵合金的晶粒细化也可能是由原子的迟滞扩散效应造成的。有鉴于此，有理由相信，迟滞扩散效应可能只是对某些高熵合金不完全观察的总结。因此，应该对多组分合金进行广泛的研究。Yang 等人[51]认为，ΔS_{mix} 应在 $1.5R \sim 2.1R$ 范围内才会产生高熵合金"核心效应"。本研究结果表明，应降低 ΔS_{mix} 范围的下限。

为了证实上述结论是否适用于其他中熵合金，著者用 TEM 对

$V_{45}Fe_{15}Ti_{15}Cr_{25}$（$\Delta S_{mix} = 1.27R$）、$V_{45}Fe_{15}Ti_{25}Cr_{15}$（$\Delta S_{mix} = 1.27R$）和 $V_{35}Fe_{10}Ti_{35}Cr_{20}$（$\Delta S_{mix} = 1.29R$）这三种合金进行显微结构检测。图 3.3 至图 3.5 显示了中熵合金的微观结构，它们是由纳米晶体组成的。

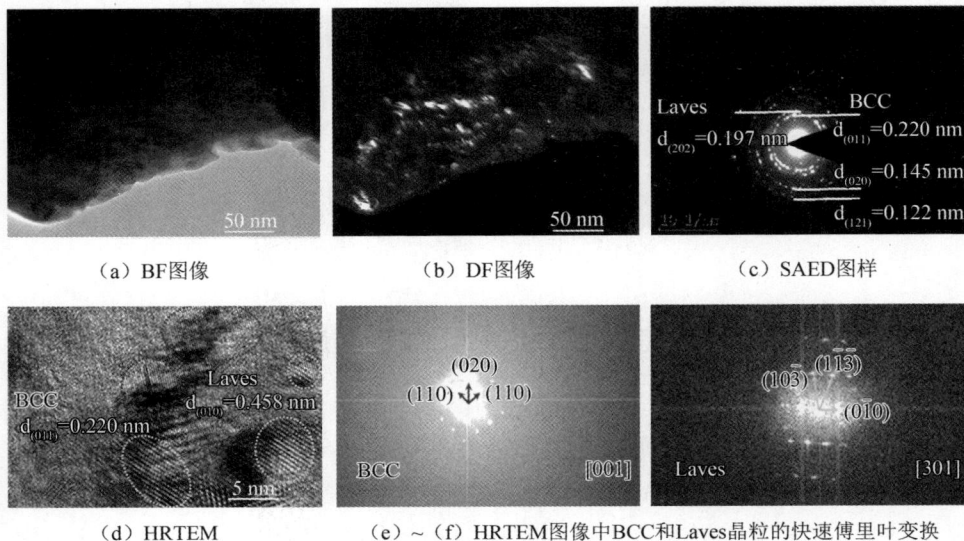

（a）BF图像   （b）DF图像   （c）SAED图样

（d）HRTEM   （e）～（f）HRTEM图像中BCC和Laves晶粒的快速傅里叶变换

图 3.2　$V_{45}Fe_{15}Ti_{20}Cr_{20}$合金的 SAED、TEM 和 HRTEM 显微照片

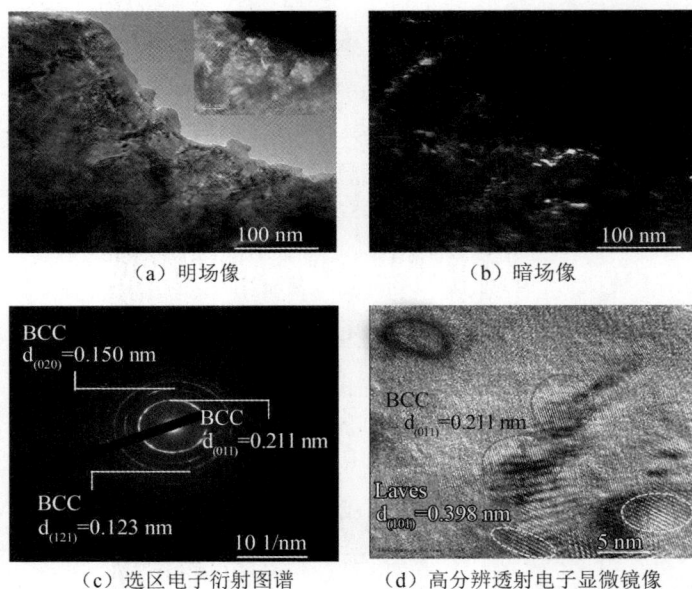

（a）明场像   （b）暗场像

（c）选区电子衍射图谱   （d）高分辨透射电子显微镜像

图 3.3　$V_{45}Fe_{15}Ti_{15}Cr_{25}$合金的 SAED、TEM、HRTEM 图像

（a）明场像

（b）暗场像

（c）选区电子衍射图谱

（d）高分辨透射电子显微镜像

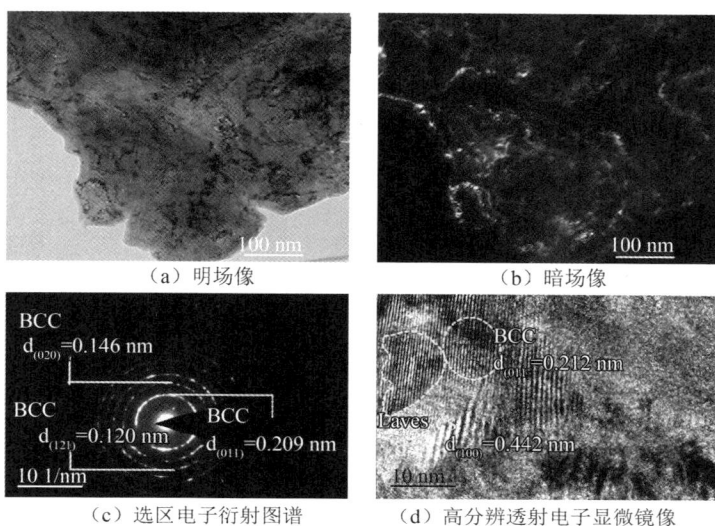

图 3.4　$V_{45}Fe_{15}Ti_{25}Cr_{15}$ 合金的 SAED、TEM、HRTEM 图像

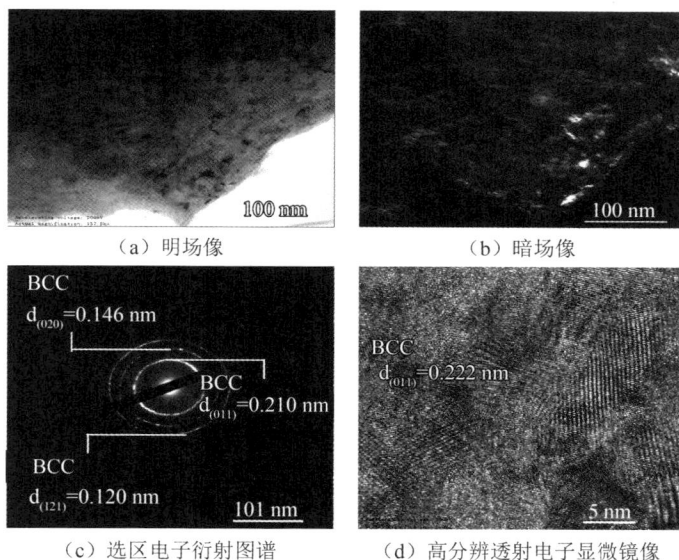

（a）明场像

（b）暗场像

（c）选区电子衍射图谱

（d）高分辨透射电子显微镜像

图 3.5　$V_{35}Fe_{10}Ti_{35}Cr_{20}$ 合金的 SAED、TEM、HRTEM 图像

为了研究迟滞扩散效应的原因，著者对 VBA 进行了从头算分子动力学模拟计算。对于 $V_{63}Ti_7Cr_{22}Fe_{16}$、$V_{58}Ti_{12}Cr_{22}Fe_{16}$、$V_{53}Ti_{17}Cr_{22}Fe_{16}$、$V_{48}Ti_{22}Cr_{22}Fe_{16}$、$V_{63}Ti_{22}Cr_7Fe_{16}$、$V_{58}Ti_{22}Cr_{12}Fe_{16}$、$V_{53}Ti_{22}Cr_{17}Fe_{16}$ 和 $V_{48}Ti_{22}Cr_{22}Fe_{16}$ 系列，构建了四元 BCC 结构合金。表 3.2 列出了所有成分的键能。如图 3.6 所示，代表性 $V_{48}Ti_{22}Cr_{22}Fe_{16}$ 模型由 48 个 V 原子、22 个 Ti 原子、22 个 Cr 原子和 16 个 Fe 原

子组成。

表 3.2　$V_{70-x}Ti_xCr_{22}Fe_{16}$ 和 $V_{70-x}Ti_{22}Cr_xFe_{16}$ 的键能

成分	键能/eV
$V_{63}Ti_7Cr_{22}Fe_{16}$	−8.09
$V_{58}Ti_{12}Cr_{22}Fe_{16}$	−8.01
$V_{53}Ti_{17}Cr_{22}Fe_{16}$	−7.93
$V_{48}Ti_{22}Cr_{22}Fe_{16}$	−7.85
$V_{63}Ti_{22}Cr_7Fe_{16}$	−7.77
$V_{58}Ti_{22}Cr_{12}Fe_{16}$	−7.80
$V_{53}Ti_{22}Cr_{17}Fe_{16}$	−7.83
$V_{48}Ti_{22}Cr_{22}Fe_{16}$	−7.86

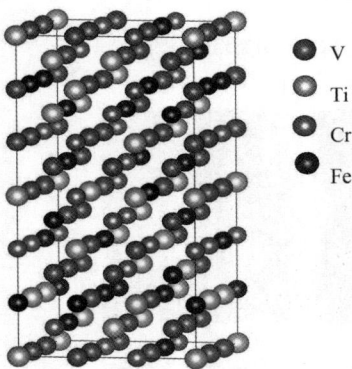

图 3.6　代表合金 $V_{48}Ti_{22}Cr_{22}Fe_{16}$ 模型示意图

图 3.7 显示了局部变形前后 VTiCrFe 合金原子构型的计算结果。很明显，与没有局部剪切变形的理想晶格相比，所有位置的局部变形都是可识别的。晶格中，不同大小的金属原子的随机占据导致严重的晶格畸变。畸变的晶格会造成同一原子面不平整，从而使 X 射线在不平整的晶面上产生明显的布拉格散射，导致合金的 XRD 衍射峰减弱和变宽[图 3.7(b)]。

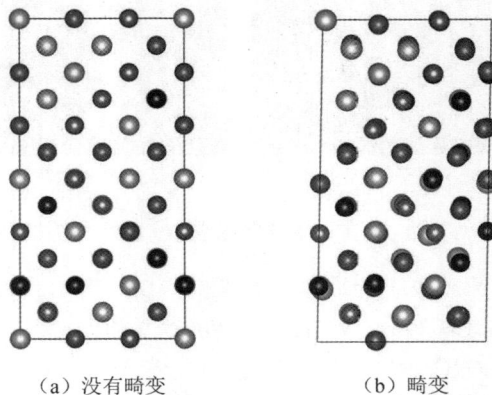

（a）没有畸变　　　　　（b）畸变

图 3.7　BCC 结构 $V_{48}Ti_{22}Cr_{22}Fe_{16}$ 合金的第一性原理模拟
注:(a)原始结构的原子占据理想的晶格位置;(b)晶格变形后原子偏离理想位置。

为了研究晶格畸变对合金原子扩散的影响，著者计算了 $V_{70-x}Ti_xCr_{22}Fe_{16}$ 和 $V_{70-x}Ti_{22}Cr_xFe_{16}$ 超胞的平均 ADC。AIMD 模拟的所有 MSD 与时间的关系如图 3.8 至图 3.10 所示。图 3.11 显示了系统的 ADC 和原子尺寸差 δ 随合金成分的变化曲线。

$$\delta = \sqrt{\sum_{i=1}^{n} c_i \left(1 - r_i / \overline{r}\right)^2}$$

其中，r_i 为原子金属半径；$\overline{r} = \sum_{i=1}^{n} c_i r_i$，$c_i$ 为第 i 个成分的原子分数。

从图 3.11（a）中可以看出，随着取代 V 的 Ti 含量的逐渐增加，扩散系数逐渐减小，而引入大原子半径的 Ti 会导致原子尺寸差 δ 明显变大。如图 3.11（b）所示，Cr 含量对 ADC 的影响与 Ti 含量对 ADC 的影响相似。同时，可以看出扩散系数的减小与原子尺寸差 δ 密切相关，δ_{Cr-V} 为 5.08%，而 δ_{Ti-V} 为 11.1%。这种严重的晶格畸变是由多种成分之间较大的原子半径差造成的。也就是说，晶格畸变越严重，原子扩散越缓慢，这就是合金呈现纳米晶结构的原因。

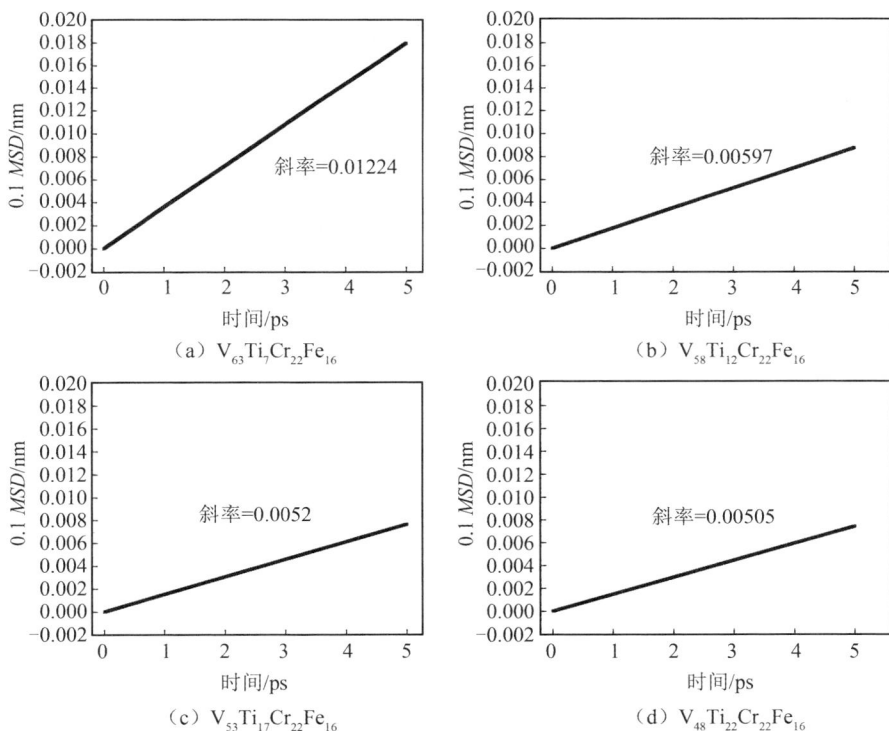

（a）$V_{63}Ti_7Cr_{22}Fe_{16}$

（b）$V_{58}Ti_{12}Cr_{22}Fe_{16}$

（c）$V_{53}Ti_{17}Cr_{22}Fe_{16}$

（d）$V_{48}Ti_{22}Cr_{22}Fe_{16}$

图 3.8　$V_{70-x}Ti_xCr_{22}Fe_{16}$ 的 MSD 与时间关系图

（a）$V_{63}Ti_{22}Cr_7Fe_{16}$

（b）$V_{58}Ti_{22}Cr_{12}Fe_{16}$

（c）$V_{53}Ti_{22}Cr_{17}Fe_{16}$

（d）$V_{48}Ti_{22}Cr_{22}Fe_{16}$

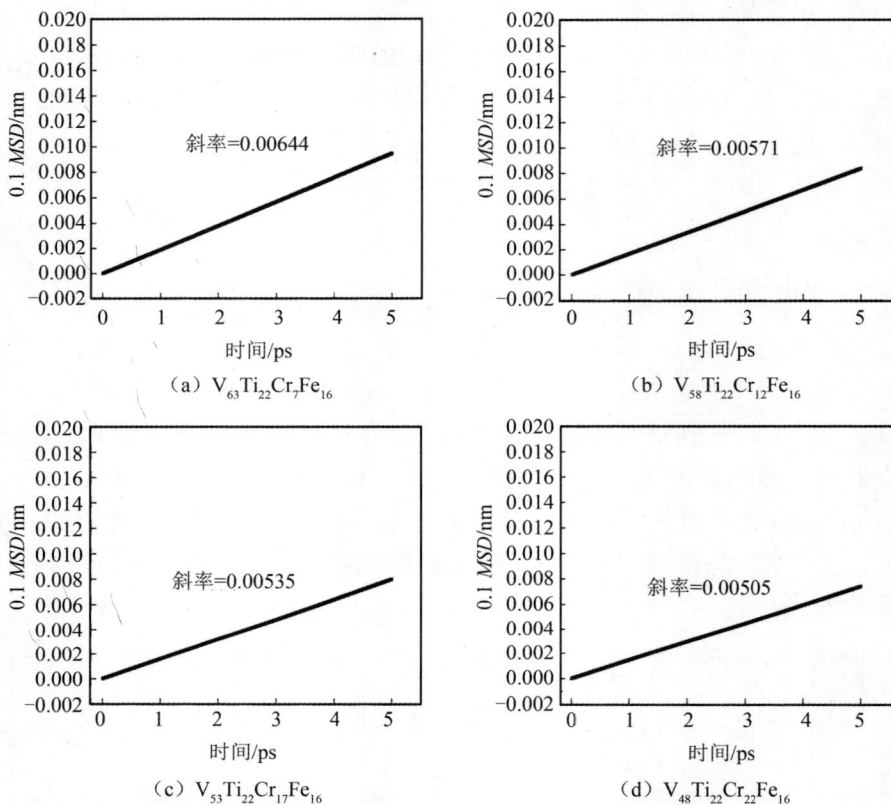

图 3.9　$V_{70-x}Ti_{22}Cr_xFe_{16}$ 的 MSD 与时间关系图

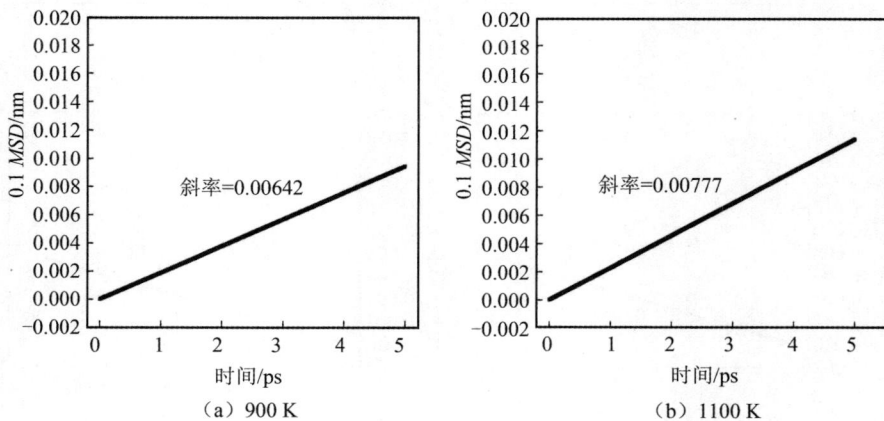

（a）900 K

（b）1100 K

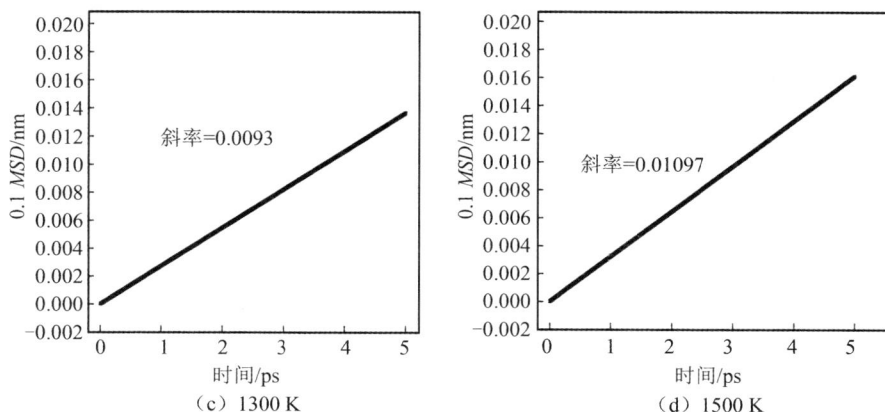

（c）1300 K　　　　　　　　　　（d）1500 K

图 3.10　不同温度下 AIMD 模拟 $V_{48}Ti_{22}Cr_{22}Fe_{16}$ 的 MSD 与时间关系图

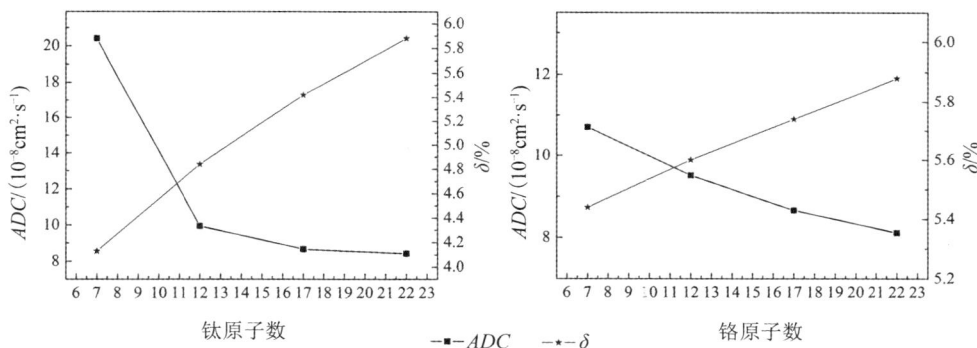

图 3.11　扩散系数与原子尺寸差及成分的关系曲线

此外，还计算了 $V_{48}Ti_{22}Cr_{22}Fe_{16}$ 在 900，1100，1300，1500 K 时的 ADC，如图 3.12（a）所示。ADC 随温度升高而增加。扩散系数与活化能（Q）和尝试频率（D_0）之间的阿伦尼乌斯关系如下：

$$\ln(D) = \ln(D_0) - \frac{Q}{RT} \qquad (3.3)$$

图 3.12（b）显示了 $\ln(D)$ 和 $1/T$ 之间的线性拟合，从而得出了 Q 和 D_0。Q 为（9.9±0.8）kJ/mol。

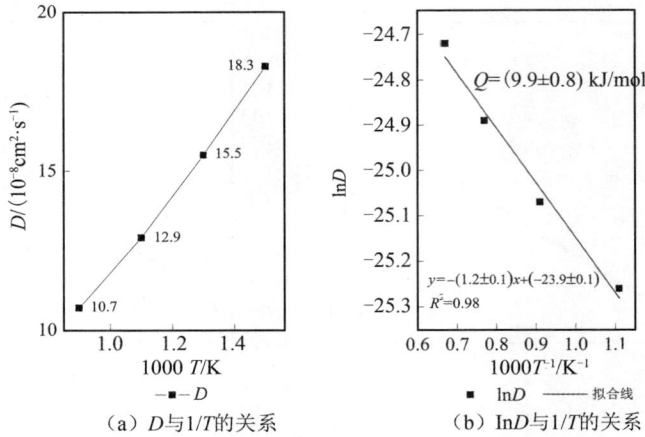

（a）D 与 $1/T$ 的关系 　　　　（b）$\ln D$ 与 $1/T$ 的关系

图 3.12　扩散系数随温度的变化和公式（3.3）的线性拟合

3.2　吸氢性能

3.2.1　活化性能

为了研究纳米结构对氢化性能的影响，著者进行了吸氢试验。在过去几十年研究的 VBA 中，合金必须先在大约 673 K 下用高纯度氢气进行氢化预处理，然后才能在室温下通过吸氢/解吸循环进行活化。例如，$V_{50}Ti_{16}Cr_{34}$、$V_{49}Ti_{16}Cr_{34}Fe_1$ 和 $V_{50}Ti_{16}Cr_{30}Nb_4$ 合金在活化前需要在 700 K 下进行氢化[54]。

图 3.13 显示了 $V_{45}Fe_{15}Ti_{20}Cr_{20}$ 合金的初始氢吸收 DSC 曲线。这表明 $V_{45}Fe_{15}Ti_{20}Cr_{20}$ 合金的初始预处理温度比铸造粗粒度合金低约 100 K。这与通过纳米化降低镁基合金的吸氢温度相似[55-61]。著者认为，观察到的热力学性质的这种变化与纳米晶之间的晶界提供的过剩能量（表面能）有关，它促进氢气分子的解离，从而为降低金属氢化物的形成温度提供了另一种潜在的工具。

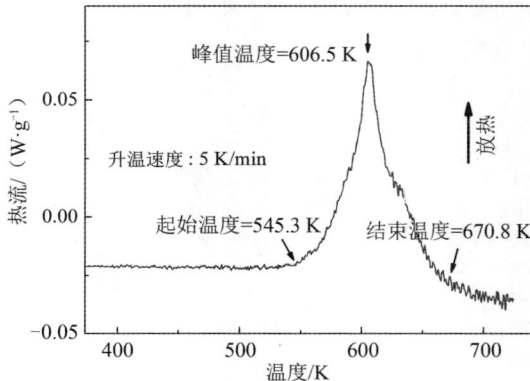

图 3.13　$V_{45}Fe_{15}Ti_{20}Cr_{20}$ 合金的初始氢化 DSC 曲线

　　预处理后合金的活化曲线如图 3.14 所示。仅经过两个氢吸收/解吸循环，合金就完全活化了。与之前的报道[40, 62-65]相比，本合金的活化周期更短，表明纳米晶合金具有优异的活化性能。这主要是因为纳米结构合金中的高密度晶体界面在氢化引起的晶格膨胀后形成了更多的裂缝，暴露出更多的新鲜表面，为氢扩散提供了更多的通道[66]。

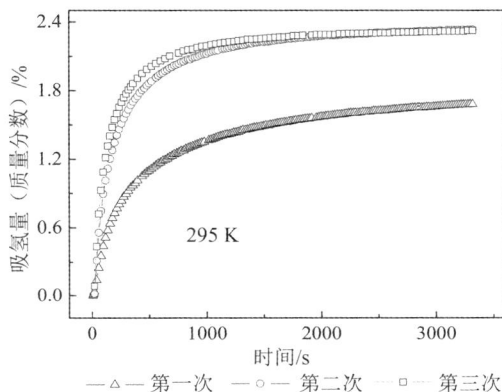

　　　　　　　　—△— 第一次　—○— 第二次　—□— 第三次

图 3.14　$V_{45}Fe_{15}Ti_{20}Cr_{20}$ 合金的活化曲线

3.2.2　动力学性能

　　图 3.15 显示了完全活化合金在 295 K 时的吸氢动力学曲线。本合金大约需要 140 s 就能达到 90%的饱和度(t_{90})。这比已报道的至少需要 250 s 的 VBA（如表 3.3 所列）[34, 63, 67-70]要短。纳米结构合金的氢化动力学明显改善。合金由产生大量晶界的纳米晶组成。纳米晶体的平均直径为 10~30 nm，形成的晶界面积约为 $1×10^9 m^2/m^3$。纳米晶合金提供的大量晶界和界面可作为氢原子从表面向块体内部传输的便捷通道，从而改善中熵多主元合金的吸氢动力学。

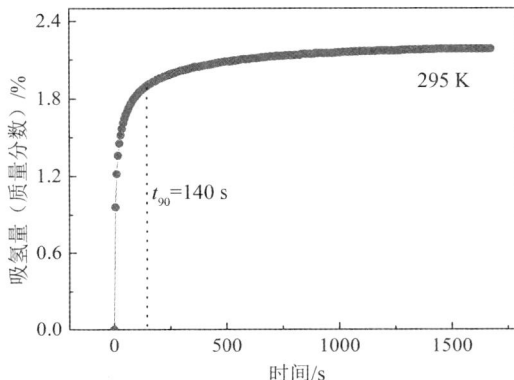

图 3.15　$V_{45}Fe_{15}Ti_{20}Cr_{20}$ 合金的吸氢动力学曲线

表 3.3 文献中报道的合金吸氢动力学数据

序号	合金	t_{90}	温度/K	文献
1	Ti-10Cr-18Mn-32V	260	273	[24]
2	Ti-10Cr-18Mn-27V-5Fe	250	273	[24]
3	$(V_{30}Ti_{35}Cr_{25}Fe_{10})_{0.68}Si_{0.32}$	250	298	[52]
4	$V_{54.9}Ti_{20.5}Cr_{18.1}Fe_{6.4}Ni_{0.1}$	960	298	[56]
5	$V_{54.7}Ti_{20.5}Cr_{18.1}Fe_{6.4}Mn_{0.3}$	1500	298	[56]
6	$(V_{55}Ti_{22.5}Cr_{16.1}Fe_{6.4})_{97}Ce_3$	270	313	[57]
7	25Ti-40V-10Cr-10Mn-15Sc	258	273	[58]

通过计算反应分数，发现 30.7% 的氢化反应在 1.5 s 内完成，氢气吸收率达到 0.46%。这表明合金最初的吸氢成核阶段进行得非常快。Kumar 等人的研究报告显示，室温下 $V_{70}Ti_{30}$ 合金中氢的最终固溶度为 0.6H/M[70]。因此，有必要对合金初始吸氢阶段固溶相的相变进行详细研究。

为了研究固溶相的转变，我们对经过 10%（1 号）、20%（2 号）、30%（3 号）和 40%（4 号）饱和氢化的样品进行了 XRD 分析。图 3.16 显示了 $V_{45}Fe_{15}Ti_{20}Cr_{20}$ 合金从空态到 40% 饱和氢化过程中 XRD 图谱的演变。研究发现，在将氢引入样品室后，$V_{45}Fe_{15}Ti_{20}Cr_{20}H_x$ 合金中的氢固溶体立即开始形成。如图 3.17 所示，对 XRD 图样进行了 Rietveld 精修，以获得更详细的信息。表 3.4 列出了计算值。氢原子进入晶格形成固溶体，导致晶格轻微膨胀，随着氢化的进行，固溶体相的晶格常数从 0.3011(1) nm 逐渐增加到 0.3023(1) nm。Rietveld 精修还证实，在 40% 饱和度之前的氢化过程中形成了两相。相 Ⅰ 具有 BCC 结构。氢化物相 Ⅱ 具有 BCT 结构。这种 BCT 具有沿 c 轴拉长的 BCC 结构，对应 Ⅰ4/mmm 空间群。1 号样品中有一个小的 BCT 相，这意味着在氢含量小于 0.2 H/M 时会形成相 Ⅰ。$V_{45}Fe_{15}Ti_{20}Cr_{20}$ 合金的极限固溶度低于 $V_{70}Ti_{30}$ 合金[64]。VBA 中的最终固溶度可以用 e/a 的变化来解释。根据瓦格纳的概念[71]，随着 e/a 的增大，氢在合金中的溶解度降低。$V_{70}Ti_{30}$ 合金的 e/a 为 4.7，而 $V_{45}Fe_{15}Ti_{20}Cr_{20}$ 的 e/a 为 5.5。因此，合金的最终固溶度较低。值得注意的是，BCT 结构的 c/a 约为 1.08，非常接近 V-H 体系中 V_2H 相的 1.10[72]。

◆ BCC   ♣ BCT   ● Laves

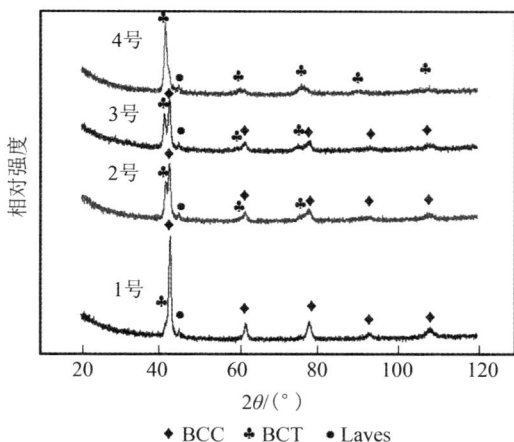

图 3.16 氢化样品的 XRD 图谱

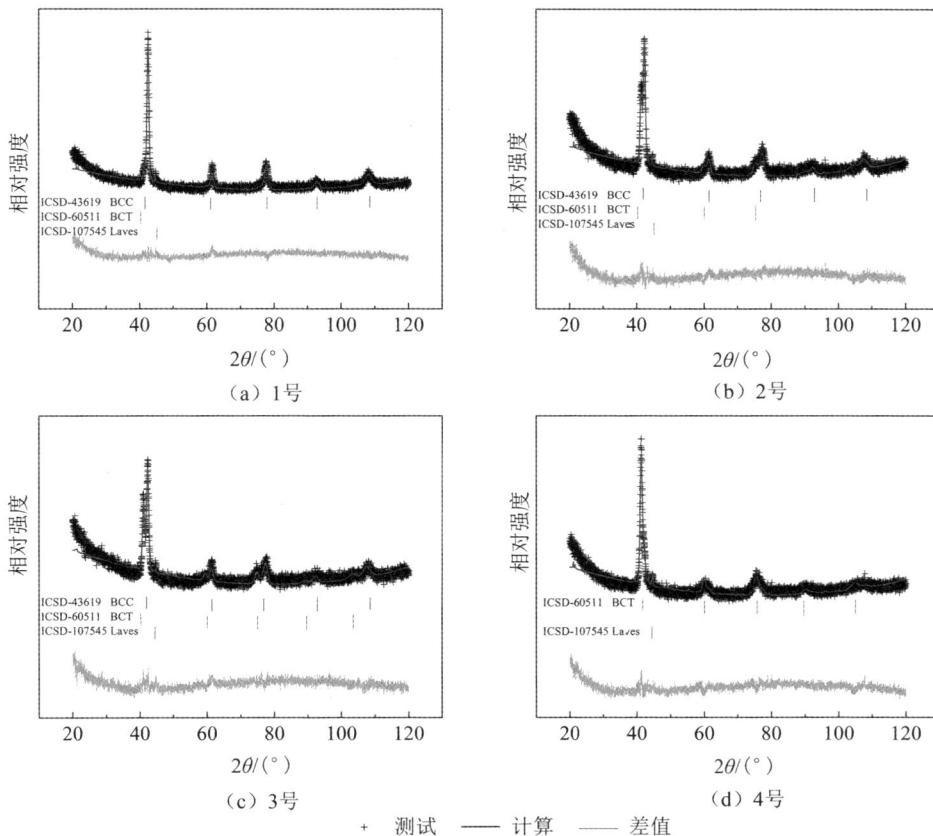

（a）1号

（b）2号

（c）3号

（d）4号

+ 测试　── 计算　── 差值

图 3.17 氢化样品的 Rietveld 精修图谱

表 3.4 氢化样品的精修数据

样品	相	空间群	晶格常数		丰度（质量分数）/%	R_{wp}/%	S
			0.1a/nm	0.1c/nm			
原始	BCC	Im/3m（229）	3.011(1)	—	95(5)	10.34	1.56
	Laves	P63/mmc（194）	5.276(2)	8.734(3)	5(3)		
1	BCC	Im/3m（229）	3.012(1)	—	92(5)	9.03	1.48
	BCT	I4/mmm（140）	3.089(1)	3.336(2)	3(1)		
	Laves	P63/mmc（194）	5.275(4)	8.735(3)	5(1)		
2	BCC	Im/3m（229）	3.019(1)	—	58(6)	9.98	1.27
	BCT	I4/mmm（140）	3.092(1)	3.339(3)	37(3)		
	Laves	P63/mmc（194）	5.275(2)	8.731(2)	5(0)		
3	BCC	Im/3m（229）	3.023(1)	—	52(4)	10.23	1.23
	BCT	I4/mmm（140）	3.114(2)	3.363(2)	44(3)		
	Laves	P63/mmc（194）	5.276(1)	8.734(1)	4(1)		
4	BCT	I4/mmm（140）	3.093(1)	3.340(2)	95(2)	9.56	1.43
	Laves	P63/mmc（194）	5.276(3)	8.734(2)	5(2)		

在样品室中充满氢气后，氢原子逐渐进入晶格。由于相 I 八面体位点上的氢原子占有率仅为 0.05[73]，因此固溶在晶格中的氢原子对氢的后续扩散影响不大。然而，随着氢吸收的进行，所形成相 I 的晶格常数逐渐增大，从而促进了氢原子的扩散。当氢气吸收量达到饱和量的 30% 时，相 I 和相 II 以 52∶44 的比例共存，即 BCC 和 BCT 的比例约为 1。接下来的反应是众所周知的从 BCT 到 FCC 的相变[67]。在此过程中，氢化物逐渐增多，氢化物层逐渐变厚，这在一定程度上阻止了氢原子进入合金，推迟了反应的进行。

3.2.3 放氢动力学性能

图 3.18 显示了等温条件下的脱氢动力学曲线。从图中可以看出，该合金可以在大约 200 s 内达到最大的氢解吸能力，在 295 K 条件下表现出优异的氢解吸动力学。这是因为纳米晶合金中的大量晶界可以作为氢原子从块体内部向表面传输的便捷通道，从而发生合金的氢解吸动力学。

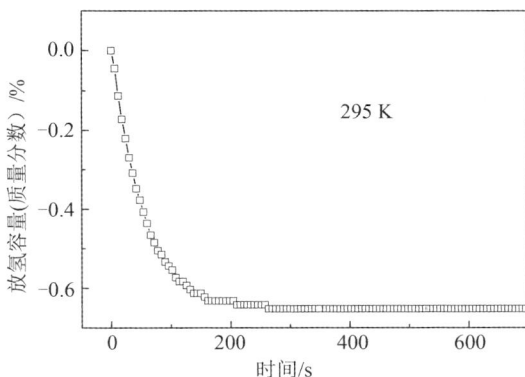

图 3.18　$V_{45}Fe_{15}Ti_{20}Cr_{20}$ 合金的放氢动力学曲线

图 3.19(a) 显示了氢化物从室温到 750 K 脱氢过程中的 DSC 测量结果。在 DSC 曲线中只观察到一个内热峰。这一观察结果表明，吸热峰对应从 FCC 二氢化物到 BCC 一氢化物的转变。众所周知，对在 M-H 系统上测得的 DSC 吸热峰的峰值温度进行一系列基辛格分析可用于进一步研究解吸动力学。氢气解吸的基辛格分析的结果如图 3.19(b) 所示。脱氢的表观活化能(E^{des}, kJ/mol)是用基辛格方程计算得出的[75]：

$$d[\ln(\varphi/(T_P)^2)]/d(1/T_P) = -E^{des}/R \tag{3.4}$$

其中，T_P 是 DSC 信号中与加热速率 φ 相对应的峰值温度。计算得出的值为 (69.8 ± 0.8) kJ/mol。这远远小于已报道的用基辛格法计算的 VBA 放氢活化能（约 100 kJ/mol）[16,74-76,77-80]，表明本合金在整个氢解吸过程中需要克服的能量障碍较低。

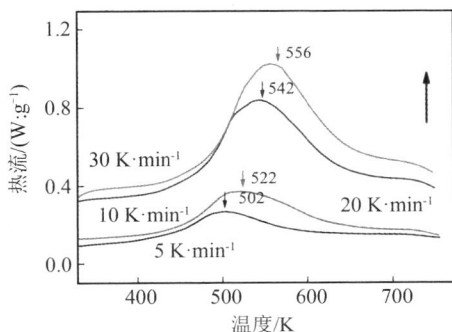

（a）氢化物从室温到750 K脱氢过程中的
DSC测量结果

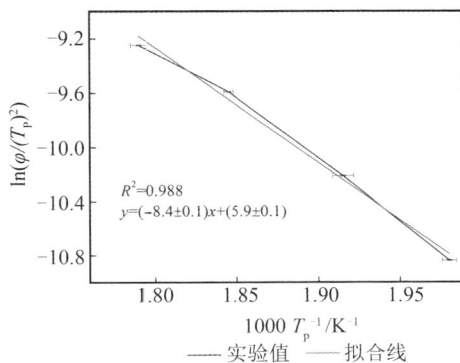

（b）氢气解吸的基辛格分析的结果

图 3.19　不同加热速率下的脱氢 DSC 曲线和与 DSC 峰值温度相对应的基辛格图

3.2.4　PCIs 曲线和储氢热力学

图 3.20(a)显示了所研究合金在不同温度下的 PCI 曲线。合金在 295 K 时的吸氢能力质量分数为 2.12%。$V_{45}Fe_{15}Ti_{20}Cr_{20}$ 合金的理论储氢能力质量分数为 2.53%。理论值与测量值之间存在差异。随着工作温度的升高，吸氢能力逐渐降低。这与吸氢的热动力作用在高温下变得有限有关。根据 PCT 试验得到的吸氢/解吸平台压力，利用 Van't Hoff 方程计算了焓变[图 3.20(b)]。我们的研究结果表明，$\ln(P_{eq}/P_0)$ 与 $1000/T$ 呈线性关系，而 ΔH 和 ΔS 值可分别从 $\ln(P_{eq}/P_0)$ 与 $1000/T$ 的拟合线的斜率和 Y 截距计算得出。吸氢和解吸的焓变分别为(30.90 kJ/mol±1.47 kJ/mol)和(33.95 kJ/mol±0.41 kJ/mol)。

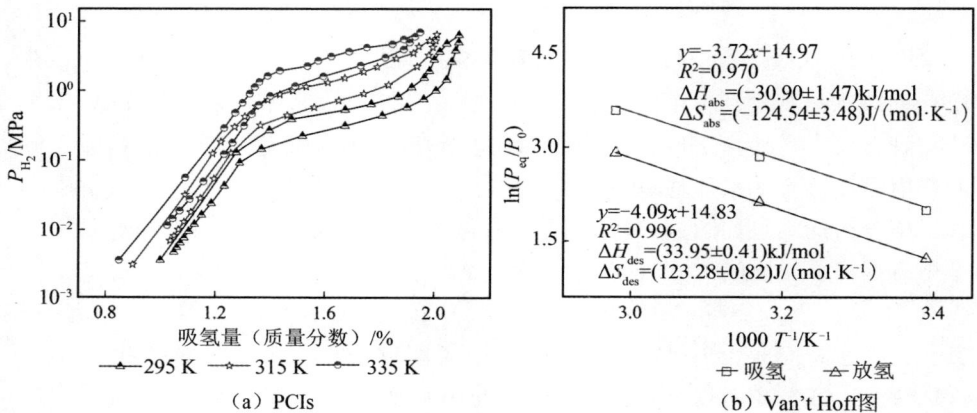

（a）PCIs　　　　　　　　　　（b）Van't Hoff图

图 3.20　$V_{45}Fe_{15}Ti_{20}Cr_{20}$ 合金的 PCIs 曲线和 Van't Hoff 图

参考文献

[1]　KANSARA S, GUPTA S K, SONVANE Y, et al. Ultrathin Pd and Pt nanowires for potential applications as hydrogen economy[J/OL]. Mater. Today. Commun., 2021, 26: 101761[2023-01-02]. https://doi.org/10.1016/j.mtcomm.2020.101761.

[2]　UFA R A, MALKOVA Y Y, BAY Y D, et al. Analysis of the problem of optimal placement and capacity of the hydrogen energy storage system in the power system[J/OL]. Int J hydrogen energy, 2023, 48: 4665-4675[2024-01-02]. https://doi.org/10.1016/j.ijhydene.2022.10.221.

[3]　FAYE O, SZPUNAR J, EDUOK U, et al. A critical review on the current technologies for the generation, storage, and transportation of hydrogen[J/OL]. Int J hydrogen energy, 2022, 47: 13771-13802[2024-01-03]. https://doi.org/10.1016/j.ijhydene.2022.02.112.

［4］　USMAN M R. Hydrogen storage methods：review and current status［J/OL］. Renew. Sust. Energ. Rev., 2022, 167：112743［2024-01-10］.https：//doi. org/10.1016/j.rser.2022.112743

［5］　ALLENDORF M D, STAVILA V, SNIDER J L, et al.Challenges to developing materials for the transport and storage of hydrogen［J/OL］.Nat.chem., 2022, 14：1214-1223［2024-01-11］.https：//doi.org/10.1038/s41557-022-01056-2.

［6］　KUMAR A, MUTHUKUMAR P, SHARMA P, et al.Absorption based solid state hydrogen storage system：a review［J/OL］. Sustain. Energy Techn., 2022, 52：102204［2024-01-11］. https：//doi. org/10. 1016/j. seta. 2022.102204.

［7］　KUMAR P, SINGH S, HASHMI S A R, et al.MXenes：emerging 2D materials for hydrogen storage［J/OL］. Nano Energy, 2021, 85：105989 ［2024-01-12］.https：//doi.org/10.1016/j.nanoen.2021.105989.

［8］　CHEN Z, MA Z L, ZHENG J, et al.Perspectives and challenges of hydrogen storage in solid-state hydrides［J/OL］.Chinese J.Chem.Eng., 2021, 29：1-12 ［2024-01-12］.https：//doi.org/10.1016/j.cjche.2020.08.024.

［9］　ZHANG G Z, QIN S Y, YAN L G, et al. Superior dehydrogenation performance of Mg-based alloy under electro pulsing［J/OL］. Scripta Mater., 2021, 197：113788［2024-01-13］. https：//doi. org/10. 1016/j. scriptamat. 2021.113788.

［10］　SAMANTARAY S S, ANEES P, PARAMBATH V B, et al.Graphene supported MgNi alloy nanocomposite as a room temperature hydrogen storage material-experiments and theoretical insights［J/OL］. Acta Mater., 2021, 215：117040［2024-01-15］.https：//doi.org/10.1016/j.actamat.2021.117040.

［11］　CHEN B H, KUNG C. Quantum confinement and torsional responses of single-wall carbon nanotubes filled with hydrogen molecules［J/OL］. Int J hydrogen energy, 2020, 45：33798-33806［2024-01-16］.https：//doi.org/10. 1016/j.ijhydene.2020.09.092.

［12］　DOGAN M, SELEK A, TURHAN O, et al.Different functional groups functionalized hexagonal boron nitride（h-BN）nanoparticles and multi-walled carbon nanotubes（MWCNT）for hydrogen storage［J/OL］. Fuel, 2021, 303：121335［2024-01-18］. https：//doi.org/10.1016/j.fuel.2021.121335.

［13］　LIU Y C, CHABANE D, ELKEDIM O.Intermetallic compounds synthesized by mechanical alloying for solid-state hydrogen storage：a review［J/OL］. Energies,2021,14：5758［2024-01-19］. https：//doi.org/10.3390/en14185758.

［14］ DE MARCO M O, LI Y T, LI H W, et al. Mechanical synthesis and hydrogen storage characterization of MgVCr and MgVTiCrFe high-entropy alloy［J/OL］. Adv. Eng. Mater., 2020, 22: 1901079［2024-01-20］. https://doi.org/10.1002/adem.201901079.

［15］ LI B, LI J D, ZHAO H J, et al. Mg-based metastable nano alloys for hydrogen storage［J/OL］. Int J hydrogen energy, 2019, 44: 6007-6018［2024-01-21］. https://doi.org/10.1016/j.ijhydene.2019.01.127.

［16］ LUO L, LI Y Z, ZHAI T T, et al. Microstructure and hydrogen storage properties of $V_{48}Fe_{12}Ti_{15-x}Cr_{25}Al_x$（$x=0$, 1）alloys［J/OL］. Int J hydrogen energy, 2019, 44: 25188-25198［2024-01-21］. https://doi.org/10.1016/j.ijhydene.2019.02.172.

［17］ NYGARD M M, SORBY M H, GRIMENES A A, et al. The influence of Fe on the structure and hydrogen sorption properties of Ti-V-based metal hydrides［J/OL］. Energies, 2020, 13: 2874［2024-01-22］. https://doi.org/10.3390/en13112874.

［18］ WU C L, WANG Q, MAO Y, et al. Relationship between lattice defects and phase transformation in hydrogenation/dehydrogenation process of the $V_{60}Ti_{25}Cr_3Fe_{12}$ alloy［J/OL］. Int J hydrogen energy, 2019, 44: 9368-9377［2024-01-22］. https://doi.org/10.1016/j.ijhydene.2019.02.097.

［19］ MONTERO J, ZLOTEA C, EK G, et al. TiVZrNb multi-principal-element alloy: synthesis optimization, structural, and hydrogen sorption properties［J/OL］. Molecules, 2019, 24: 2799［2024-01-23］. https://doi.org/10.3390/molecules24152799.

［20］ DIXIT V, HUOT J. Investigation of the microstructure, crystal structure and hydrogenation kinetics of Ti-V-Cr alloy with Zr addition［J/OL］. J. Alloys Compd., 2019, 785: 1115-1120［2024-01-23］. https://doi.org/10.1016/j.jallcom.2019.01.292.

［21］ KAGAWA A, ONO E, KUSAKABE T, et al. Absorption of hydrogen by vanadium-rich V-Ti-based alloys［J/OL］. J. Less-Common Met., 1991, 172-174: 64-70［2024-01-23］. https://doi.org/10.1016/0022-5088（91）90433-5.

［22］ AKIBA E, IBA H. Hydrogen absorption by Laves phase related BCC solid solution［J/OL］. Intermetallics, 1998, 6: 461-470［2024-01-24］. https://doi.org/10.1016/S0966-9795（97）00088-5.

［23］ SEO C Y, KIM J H, LEE P S, et al. Hydrogen storage properties of vanadium-based BCC solid solution metal hydrides[J/OL]. J. Alloys Compd., 2003, 348: 252-257[2024-01-24]. https://doi.org/10.1016/S0925-8388 (02)00831-9.

[24] TSUKAHARA M A.Hydrogenation properties of vanadium-based alloys with large hydrogen storage capacity[J/OL]. Mater. Trans., 2011, 52: 68-72 [2024-02-01]. https://doi.org/10.2320/matertrans.M2010216.

[25] LEI J P, HUANG H, CAO G Z.Formation and hydrogen storage properties of in situ prepared Mg-Cu alloy nanoparticles by arc discharge[J/OL]. Int J hydrogen energy, 2009, 34: 8127-8137[2024-02-02]. https://doi.org/10.1016/j.ijhydene.2009.07.092.

[26] HUANG Z N, WANG Y Q, WANG D, et al.Role of native defects and the effects of metal additives on the kinetics of magnesium borohydride[J/OL]. Phys. Chem. Chem. Phys., 2019, 21: 11226-11233[2024-02-03]. https://doi.org/10.1039/C9CP01467E.

[27] BU W G, ZHANG W, GAO J L, et al.Improved hydrogen storage kinetics of nanocrystalline and amorphous Pr-Mg-Ni-based PrMg12-type alloys synthesized by mechanical milling[J/OL]. Int J hydrogen energy, 2017, 42: 18452-18464 [2024-02-03]. https://doi.org/10.1016/j.ijhydene.2017.04.171.

[28] LI L, WU D C, LIANG G Y, et al. The dehydrogenation process of amorphous($Mg_{60}Ni_{25})_{92}La_8$ alloy[J/OL]. J. Alloys Compd., 2009, 474: 378-381[2024-02-04]. https://doi.org/10.1016/j.jallcom.2008.06.087.

[29] LI Y M, LIU Z C, ZHANG Y H, et al.A comparative study on the microstructure and cycling stability of the amorphous and nanocrystallization $Mg_{60}Ni_{20}La_{10}$ alloys[J/OL]. Int J hydrogen energy, 2018, 43: 19141-19151 [2024-02-05]. https://doi.org/10.1016/j.ijhydene.2018.08.129.

[30] LI X, ZHANG Y F, QI W H, et al.Hydrogen storage nanoalloys[J/OL]. Prog. Chem., 2013, 25: 1122-1130[2024-02-05]. https://doi.org/10.7536/PC121142.

[31] KALINICHENKA S, RONTZSCH L, RIEDL T, et al.Hydrogen storage properties and microstructure of melt-spun $Mg_{90}Ni_8RE_2$(RE = Y, Nd, Gd)[J]. Int J hydrogen energy, 2011, 36: 10808-10815[2024-03-01]. https://doi.org/10.1016/j.ijhydene.2011.05.147.

[32] BIBIENNE T, TOUSIGNANT M, BOBET J L, et al.Synthesis and hydrogen sorption properties of $TiV_{(2-x)}Mn_x$ BCC alloys[J/OL]. J. Alloys Compd., 2015, 624: 247-250[2024-03-02]. https://doi.org/10.1016/j.jallcom.

2014.11.060.

[33] MASSICOT B, LATROCHE M, JOUBERT J M.Hydrogenation properties of Fe-Ti-V BCC alloys[J/OL]. J. Alloys Compd., 2011, 509: 372-379[2024-03-10]. https://doi.org/10.1016/j.jallcom.2010.09.030.

[34] YU X B, YANG Z X, FENG SL,et al. Influence of Fe addition on hydrogen storage characteristics of Ti-V-based alloy[J/OL]. Int J hydrogen energy, 2006,31: 1176-1181 [2024-03-10]. https://doi.org/10.1016/j.ijhydene.2005.09.008

[35] TOWATA S, NORITAKE T, ITOH A, et al.Effect of partial niobium and iron substitution on short-term cycle durability of hydrogen storage Ti-Cr-V alloys[J/OL]. Int J hydrogen energy, 2013, 38: 3024-3029[2024-03-11]. https://doi.org/10.1016/j.ijhydene.2012.12.100.

[36] YU X B, WU Z, XIA B J, et al.Electrochemical performance of ball-milled Ti-V-based electrode alloy[J/OL]. Int J hydrogen energy, 2005, 30: 273-277[2024-03-12]. https://doi.org/10.1016/j.ijhydene.2004.04.010.

[37] PEI P, SONG X P, LIU J, et al.Improving hydrogen storage properties of laves phase related BCC solid solution alloy by SPS preparation method[J/OL]. Int J hydrogen energy, 2009, 34: 8597-8602[2024-03-13]. https://doi.org/10.1016/j.ijhydene.2009.08.038.

[38] CHEN H X, LI S, HUANG S X, et al.High-entropy structure design in layered transition metal dichalcogenides [J/OL]. Acta Mater., 2022, 222: 117437[2024-03-15]. https://doi.org/10.1016/j.actamat.2021.117438.

[39] TONG Y, CHEN D, HAN B, et al.Outstanding tensile properties of a precipitation-strengthened $FeCoNiCrTi_{0.2}$ high-entropy alloy at room and cryogenic temperatures[J/OL]. Acta Mater., 2019, 165: 228-240[2024-03-16].https://doi.org/10.1016/j.actamat.2018.11.049.

[40] ZHOU Y, ZHOU D, JIN X, et al.Design of non-equiatomic medium-entropy alloy[J/OL]. Sci. Rep., 2018, 8: 1236[2024-03-20].https://doi.org/10.1038/s41598-018-19449-0.

[41] ZHAO S W, WU L Z, LI C, et al.Fabrication and growth model for conical alumina nanopores-evidence against field-assisted dissolution theory[J/OL]. Electrochem. Commun., 2018, 93: 25-30[2024-03-21]. https://doi.org/10.1016/j.elecom.2018.05.029.

[42] BLÖCHL P E. Projector augmented-wave method[J/OL]. Phys. Rev. B, 1994, 50 (24): 17953-17979 [2024-03-25]. https://doi.org/10.1103/

PhysRevB.50.17953.

[43]　PERDEW J P, BURKE K, ERNZERHOF M. Generalized gradient approximation made simple[J/OL]. Phys. Rev. Lett., 1996, 77(18): 3865-3868 [2024-03-26].https://doi.org/10.1103/PhysRevLett.77.3865.

[44]　METHFESSEL M, PAXTON A T. High-precision sampling for Brillouin-zone integration in metals[J/OL]. Phys. Rev. B, 1989, 40(6): 3616-3621 [2024-04-01]. https://doi.org/10.1103/PhysRevB.40.3616.

[45]　NOSE S A. Molecular dynamics method for simulations in the canonical ensemble[J/OL]. Mol. Phys., 1984, 52(2): 255-268 [2024-04-02]. https://doi.org/10.1080/00268970110089108.

[46]　HOOVER W G. Canonical dynamics: equilibrium phase-space distributions [J/OL]. Phys. Rev. A, 1985, 31(3): 1695-1697[2024-04-10]. https://doi.org/10.1103/PhysRevA.31.1695.

[47]　YEH J W, CHEN S K, LIN S J, et al.Nanostructured high-entropy alloys with multiple principal elements: novel alloy design concepts and outcomes [J/OL]. Adv. Eng. Mater., 2004, 6: 299-303[2024-04-15]. https://doi.org/10.1002/adem.200300567.

[48]　YAO H W, QIAO J W, GAO M C, et al.NbTaV-(Ti, W)refractory high-entropy alloys: experiments and modeling[J/OL]. Mater. Sci. Eng. A, 2016, 674: 203-211[2024-04-20]. https://doi.org/10.1016/j.msea.2016.07.102.

[49]　TAKEUCHI A, INOUE A.Classification of bulk metallic glasses by atomic size difference, heat of mixing and period of constituent elements and its application to characterization of the main alloying element[J/OL]. Mater. Trans., 2005, 46: 2817-2829[2024-04-20]. https://doi.org/10.2320/matertrans.46.2817.

[50]　KITTEL C. Introduction to solid state physics[M].New York: Wiley, 1996.

[51]　YANG X, ZHANG Y.Prediction of high-entropy stabilized solid-solution in multi-component alloys[J/OL]. Mater. Chem. Phys., 2012, 132: 233-238 [2024-04-20].https://doi.org/10.1016/j.matchemphys.2011.11.021.

[52]　MIEDEMA A R, DE CHÂTEL P E, DE BOER F R.Cohesion in alloys—fundamentals of a semi-empirical model[J/OL]. Physica B+C, 1980, 100:1-28 [2024-04-21]. https://doi.org/10.1016/0378-4363(80)90054-6.

[53]　YEH J W.Recent progress in high-entropy alloys[J/OL]. Ann. Chim-Sci. Mat., 2006, 31: 633-648[2024-04-23]. https://doi.org/10.3166/acsm.31.633-648.

［54］ TOWATA S I, NORITAKE T, ITOH A, et al.Effect of partial niobium and iron substitution on short-term cycle durability of hydrogen storage Ti-Cr-V alloys［J/OL］. Int J hydrogen energy, 2013, 38: 3024-3029［2024-04-23］.https://doi.org/10.1016/j.ijhydene.2012.12.100.

［55］ ZHANG B, LV Y Z, YUAN J G, et al.Effects of microstructure on the hydrogen storage properties of the melt-spun Mg-5Ni-3La(at.%)alloys［J/OL］. J. Alloys Compd., 2017, 702: 126-131［2024-04-25］. https://doi.org/10.1016/j.jallcom.2017.01.221.

［56］ WU Y, LOTOTSKYY M V, SOLBERG J K, et al.Effect of microstructure on the phase composition and hydrogen absorption-desorption behaviour of melt-spun Mg-20Ni-8Mm alloys［J/OL］. Int J hydrogen energy, 2012, 37: 1495-1508［2024-04-28］. https://doi.org/10.1016/j.ijhydene.2011.09.126.

［57］ LIN H J, OUYANG L J, WANG H, et al.Phase transition and hydrogen storage properties of melt-spun $Mg_3LaNi_{0.1}$ alloy［J/OL］. Int J hydrogen energy, 2012, 37: 1145-1150［2024-04-29］. https://doi.org/10.1016/j.ijhydene.2011.02.071.

［58］ SONG M Y, KWON S N, BOBET J L, et al.Improvement of hydrogen storage characteristics of Mg by planetary ball milling under H_2 with metallic element(s)and/or Fe_2O_3［J/OL］. Int J hydrogen energy, 2011, 36: 3521-3528［2024-05-01］. https://doi.org/10.1016/j.ijhydene.2010.12.059.

［59］ GENNARI F C, ESQUIVEL M R.Structural characterization and hydrogen sorption properties of nanocrystalline Mg_2Ni［J/OL］. J. Alloys Compd., 2008, 459: 425-432［2024-05-02］.https://doi.org/10.1016/j.jallcom.2007.04.283.

［60］ LI B, LI J D, ZHAO H J, et al.Mg-based metastable nano alloys for hydrogen storage［J］. Int J hydrogen energy, 2019, 44: 6007-6018［2024-05-04］. https://doi.org/10.1016/j.ijhydene.2019.01.127.

［61］ OUYANG L Z, LIU F, WANG H, et al.Magnesium-based hydrogen storage compounds: a review［J/OL］. J. Alloys Compd., 2020, 832: Article 154865［2024-05-05］. https://doi.org/10.1016/j.jallcom.2020.154865.

［62］ YU X B, CHEN J Z, WU Z, et al.Effect of Cr content on hydrogen storage properties for Ti-V-based BCC-phase alloys［J/OL］. Int J hydrogen energy, 2004, 29: 1377-1381［2024-05-06］. https://doi.org/10.1016/j.ijhydene.2004.01.015.

［63］ YAN Y G, CHEN Y G, LIANG H, et al.The effect of Si on $V_{30}Ti_{35}Cr_{25}Fe_{10}$

BCC hydrogen storage alloy[J/OL]. J. Alloys Compd., 2007, 441: 297-300 [2024-05-07]. https://doi.org/10.1016/j.jallcom.2006.09.096.

[64] YOUNG K, WONG D F, WANG L.Effect of Ti/Cr content on the microstructures and hydrogen storage properties of Laves phase-related body-centered-cubic solid solution alloys[J/OL]. J. Alloys Compd., 2015, 622: 885-893 [2024-06-01]. https://doi.org/10.1016/j.jallcom.2014.11.006.

[65] YOUNG K, OUCHI T, NEI J, et al. Annealing effects on Laves phase-related body-centered-cubic solid solution metal hydride alloys[J/OL]. J. Alloys Compd., 2016, 654: 216-225[2024-06-02]. https://doi.org/10.1016/j.jallcom.2015.09.010.

[66] BALCERZAK M.Structural, electrochemical and hydrogen sorption studies of nanocrystalline Ti-V-Co and Ti-V-Ni-Co alloys synthesized by mechanical alloying method [J/OL]. J. Mater. Eng. Perform., 2019, 28: 4838-4844 [2024-06-03]. https://doi.org/10.1007/s11665-019-04266-x.

[67] IANG H, CHEN Y G, YAN Y G, et al.Influence of Ni or Mn on hydrogen absorption-desorption performance of V-Ti-Cr-Fe alloys[J/OL]. Mater. Sci. Eng. A, 2007, 459: 204-208 [2024-06-03]. https://doi.org/10.1016/j.msea.2007.01.030.

[68] YAN Y G, CHEN Y G, LIANG H, et al.Effect of Ce on the structure and hydrogen storage properties of $V_{55}Ti_{22.5}Cr_{16.1}Fe_{6.4}$[J/OL]. J. Alloys Compd., 2007, 429: 301-305 [2024-06-05]. https://doi.org/10.1016/j.jallcom.2006.04.057.

[69] ZHU J B, MA L Q, LIANG F, et al.Effect of Sc substitution on hydrogen storage properties of Ti-V-Cr-Mn alloys [J/OL]. Int J hydrogen energy, 2015, 40: 6860-6865 [2024-06-10]. https://doi.org/10.1016/j.ijhydene.2015.03.149.

[70] KUMAR S, JAIN A, ICHIKAWA T, et al. Development of vanadium based hydrogen storage material: a review[J/OL]. Renew. Sust. Energ. Rev., 2017, 72: 791-800 [2024-6-15]. http://dx.doi.org/10.1016/j.rser.2017.01.063.

[71] WAGNER C.Thermodynamics of alloys[M].MA: Addison-Wesley, 1952: 51-53.

[72] ASANO H, ABE Y, HIRABAYASHI M.A calorimetric studl of the phase transformation of vanadium hydrides $VH_{0.06}$-$VH_{0.77}$[J/OL]. Acta Metall., 1976, 24: 95-99 [2024-06-16]. https://doi.org/10.1016/0001-6160(76)

90152-8.

[73]　FEI Y, KONG X C, WU Z, et al. In situ neutron-diffraction study of the $Ti_{38}V_{30}Cr_{14}Mn_{18}$ structure during hydrogenation [J/OL]. J Power Sources, 2013, 241: 355-358 [2024-06-17]. https://doi.org/10.1016/j.jpowsour.2013.04.118.

[74]　ZHOU H Y, WANG F, WANG J, et al. Hydrogen storage properties and thermal stability of $V_{35}Ti_{20}Cr_{45}$ alloy by heat treatment [J/OL]. Int J hydrogen energy, 2014, 39: 14887-14895 [2024-6-20]. https://doi.org/10.1016/j.ijhydene.2014.07.054.

[75]　RONG M H, WANG F, WANG J, et al. Effect of heat treatment on hydrogen storage properties and thermal stability of $V_{68}Ti_{20}Cr_{12}$ alloy [J/OL]. Prog. Nat. Sci., 2017, 27(5): 543-549 [2024-06-23]. https://doi.org/10.1016/j.pnsc.2017.08.012.

[76]　KISSINGER H E. Reaction kinetics in differential thermal analysis [J/OL]. Anal. Chem., 1957, 29: 1702-1706 [2024-06-25]. https://doi.org/10.1021/ac60131a045.

[77]　NYGÅRD M M, EK G, KARLSSON D, et al. Counting electrons: a new approach to tailor the hydrogen sorption properties of high-entropy alloys [J/OL]. Acta Mater., 2019, 175: 121-129 [2024-06-30]. https://doi.org/10.1016/j.actamat.2019.06.002.

[78]　ZHOU H Y, WANG F, WANG J, et al. Hydrogen storage properties and thermal stability of $V_{35}Ti_{20}Cr_{45}$ alloy by heat treatment [J/OL]. Int J hydrogen energy, 2014, 39: 14887-14895 [2024-07-01]. http://dx.doi.org/10.1016/j.ijhydene.2014.07.054.

[79]　CHEN X Y, LIU B, ZHANG S B, et al. Effect of heat treatment on microstructure and thermal stability of $Ti_{19}Hf_4V_{40}Mn_{35}Cr_2$ hydrogen storage alloy [J/OL]. J. Alloys Compd., 2022, 917: 165355 [2024-07-02]. https://doi.org/10.1016/j.jallcom.2022.165355.

[80]　HAN Y B, WU C L, WANG Q, et al. Phase evolution process and hydrogen storage performances of $V_{72}Ti_{18}Cr_{10}$ alloy prepared by co-precipitation-reduction method [J/OL]. Prog. Nat. Sci., 2022, 32: 407-414 [2024-07-10]. https://doi.org/10.1016/j.pnsc.2022.06.002.

第 4 章

Ti-V-Cr-Fe-M(M＝Mn、Co、Sc 和 Ni) 高熵合金的微观结构、储氢和导热性能

在社会发展过程中，人类生存的主要能源随着社会活动的发展而不断发展。当今世界严重依赖化石燃料(煤、石油、天然气等)。自 1950 年以来，人口的增长和生活方式的改善导致能源需求量迅速增长。据估计，2035 年能源需求量将达到峰值，届时世界一次能源消耗量将从目前的 140.21 亿吨石油当量增加到 159.14 亿吨石油当量[1]。随着社会的发展，化石燃料消费过程中的能源短缺和大量温室气体排放问题日益严重，极大地制约了经济的绿色可持续发展。因此，寻找可持续发展的清洁能源成为科学家们的追求。地球上有很多可再生能源，如太阳能、风能、潮汐能、生物质能、波浪能和地热能等，人们正在对它们进行深入的探索和研究[2-6]。在这些潜在的候选能源中，氢气因其能量密度高(120 MJ/kg)、对环境友好以及在地球上的高丰度而被认为是实现二氧化碳减排总体目标的最佳能源载体[7-8]。

氢气是一种易燃、易爆的活性气体。在"制氢—储氢—运氢—用氢"整个氢能产业链中，储氢是关键环节，因此有必要开发一种安全、低成本、紧凑型的储氢系统。储氢方式主要包括气态储氢、液态储氢和固态储氢。气态氢的储存密度较低(70 MPa 时为 40 g/L)。液态氢的密度较高(20 K 时为 71 g/L)，但能量效率低，且存在沸腾现象[9]。相比之下，固态氢储存因其储存安全、运输方便、储存密度高等优点，被认为是未来大规模氢能储存和运输的方向[10-12]。

金属氢化物固态储氢法具有体积密度高、安全性好、操作简便、运行成本低等优点，被认为是最理想的储氢方法[12-14]。由 Yeh 等人[15]和 Cantor 等人[16]于 2004 年首次独立提出的高熵合金(至少含有五种主元素，且每种元素的原子百分率在 5%～35%)在材料科学界受到越来越多的关注。迄今为止，对高熵合金的研究大多集中在其作为结构材料的潜在应用上。事实上，除了作为结构材料外，高熵合金在功能材料方面也具有广阔的应用前景。与传统金属化合物相比，大熵可促进形成具有严重晶格畸变(应变)的单相固溶体结构。请注意，晶

格畸变通常发生在高熵合金中，并形成更合适的反应位点，这可能有助于气体吸收，从而带来良好的性能[17-19]。因此，我们有理由相信，高熵合金有望成为储氢领域的新候选材料。然而，对于高熵合金储氢的研究相对较少。也就是说，虽然最近有一些有意义的研究，但关于高熵储氢合金的研究仍处于起步阶段。因此，进一步研究储氢高熵合金是有意义的。

在本章中，采用传统的高真空电弧熔炼法制备了铸态 $V_{35}Ti_{35}Cr_{10}Fe_{10}M_{10}$（M=Mn，Co，Sc，Ni）高熵合金。通过 XRD、SEM-EDS 和 TEM 对高熵合金的微观结构进行了详细研究。此外，还系统地研究了高熵合金的储氢特性，包括活化特性、吸收动力学、高原压、氢化物形成和解吸的热力学特性、储氢能力和热解吸。此外，还特别研究了高熵合金的热物理性能。

特别指出的是，在本章中热导率的测量是采用激光闪射法完成的。测试前，在 10，15，20 MPa 的成型压力下，将粉碎至 200 目的合金粉末压制成直径为 12.7 mm、厚度约为 2 mm 的圆盘状试样。在成型合金圆片的两侧喷涂石墨后，用激光导热仪（德国 NETZSCH 公司的 LAF467 型）中的脉冲激光（脉冲宽度为 0.6 ms）照射测试样品的一个表面。样品表面开始升温，检测器监测样品背面温度随时间上升的情况。在获得圆盘状样品的厚度后，通过测量样品背面随时间变化的温升情况，就可以计算出样品的热扩散率。

对于高熵合金而言，混合焓（ΔH_{mix}）和混合熵（ΔS_{mix}）等热力学因素在很大程度上影响着相的形成[15]。ΔH_{mix} 被认为是固溶体形成的阻力，而 $T\Delta S_{mix}$（T 为热力学温度，K）被认为是固溶体形成的动力。因此，结合 ΔH_{mix} 和 ΔS_{mix} 的影响可以描述高熵合金中固溶相的稳定性。基于这一考虑，Yao 等人[20]提出了一个平衡参数 Ω 来预测高熵合金中的相：

$$\Omega = \frac{T_m \cdot \Delta S_{mix}}{|\Delta H_{mix}|} \tag{4.1}$$

式中，$T_m = \sum_{i=1}^{n} c_i (T_m)_i$ 是合金的熔炼温度，c_i 和 $(T_m)_i$ 分别是合金中第 i 个元素的原子分数和熔点温度；ΔS_{mix} 是高熵合金的理想构型熵，可表示为

$$\Delta S_{mix} = -R \sum_{i=1}^{n} c_i \ln(c_i) \tag{4.2}$$

其中，R 代表通用气体常数；ΔH_{mix} 的定义为

$$\Delta H_{mix}^{ij} = \sum_{i=1, i \neq j}^{n} 4\Delta H_{ij}^{mix} c_i c_j \tag{4.3}$$

其中，ΔH_{ij}^{mix} 为第 i 种元素和第 j 种元素组成的二元液态合金在规则溶液中的混合焓，其值根据二元液态合金的 Miedama 宏观模型计算得出[21]。如果 $\Omega<1$，当合金凝固时，ΔS_{mix} 的影响弱于 ΔH_{mix} 的影响。ΔH_{mix} 对固溶体的形成起主导作用，

因此固溶体成核受到抑制，金属间化合物或相分离就会形成。

除热力学因素外，合金元素的原子半径差 δ 也会影响高熵合金固溶相的稳定性。研究人员在研究了已有报道的高熵合金的相组成与参数 Ω 和 δ 之间的关系后，形成了多组分合金中形成具有稳定性的固溶相的基本标准，即 $\Omega > 1.1$ 和 $\delta < 6.6\%$ [22]。

高熵合金中固溶相的晶体结构可以通过价电子数（ $VEC = \sum_{i=1}^{n} c_i VEC_i$ ）来预测[23]。$VEC < 6.87$ 和 $VEC > 8$ 的合金分别倾向于形成 BCC 和 FCC 固溶相。表 4.1 提供了本章所研究的高熵合金的这些参数所需的基本数据，表 4.2 列出了 $V_{35}Ti_{35}Cr_{10}Fe_{10}M_{10}$（M＝Mn、Co、Sc 和 Ni）成分的五个参数的计算值。可以看出，$V_{35}Ti_{35}Cr_{10}Fe_{10}Mn_{10}$、$V_{35}Ti_{35}Cr_{10}Fe_{10}Co_{10}$ 和 $V_{35}Ti_{35}Cr_{10}Fe_{10}Ni_{10}$ 可以形成单一 BCC 结构固溶体相，而 $V_{35}Ti_{35}Cr_{10}Fe_{10}Sc_{10}$ 合金不仅能形成 BCC 固溶体，还能形成有序化合物。

表 4.1　用于计算 V-Ti-Cr-Fe-M 系统的基本数据

元素 i	r/pm [24]	$\Delta H_{mix}^{ij}/(kJ \cdot mol^{-1})$ [21]								T_m/K [24]	VEC_i [24]
		V	Ti	Cr	Fe	Mn	Co	Sc	Ni		
V	131.60	—	-2	-2	-7	-1	-14	7	-18	2183	5
Ti	146.15	-2	—	-7	-17	-8	-28	8	-35	1941	4
Cr	124.91	-2	-7	—	-1	2	-4	1	-7	2180	6
Fe	124.12	-7	-17	-1	—	0	-1	-11	-2	1811	8
Mn	135.00	-1	-8	2	0		-5	-8	-8	1519	7
Co	125.10	-14	-28	-4	-1	-5		-30	0	1768	9
Sc	164.10	7	8	1	-11	-8	-30		-39	1814	3
Ni	124.59	-18	-35	-7	-2	-8	0	-39	—	1728	10

表 4.2　选定成分的计算值

合金	ΔS_{mix} /(J·mol^{-1}·K^{-1})	ΔH_{mix} /(kJ·mol^{-1})	Ω	$\delta/\%$	VEC
$V_{35}Ti_{35}Cr_{10}Fe_{10}Mn_{10}$	11.85	-6.82	3.46	6.1	5.25
$V_{35}Ti_{35}Cr_{10}Fe_{10}Co_{10}$	11.85	-11.72	2.04	6.6	5.45
$V_{35}Ti_{35}Cr_{10}Fe_{10}Sc_{10}$	11.85	-3.94	6.08	8.5	4.85
$V_{35}Ti_{35}Cr_{10}Fe_{10}Ni_{10}$	11.85	-13.42	1.78	6.6	5.55

4.1 合金的微观结构

图 4.1 是通过电弧熔炼制备的纽扣合金铸锭。图 4.2 显示了铸造合金的 XRD 图样。用 A_{Mn}、A_{Co}、A_{Sc} 和 A_{Ni} 分别表示 $V_{35}Ti_{35}Cr_{10}Fe_{10}Mn_{10}$、$V_{35}Ti_{35}Cr_{10}Fe_{10}Co_{10}$、$V_{35}Ti_{35}Cr_{10}Fe_{10}Sc_{10}$、$V_{35}Ti_{35}Cr_{10}Fe_{10}Ni_{10}$ 合金。通过 HighScore Plus 软件进行相分析发现，四种合金在大约 42°、大约 61° 和大约 77° 处的 XRD 图谱峰分别属于 BCC 相的（0 1 1）面、（0 0 2）面和（1 1 2）面。由此可见，高熵合金的主相为 BCC 结构固溶相。此外，一些合金在 XRD 图谱中出现了低强度峰。在 A_{Mn} 和 A_{Ni} 合金的 XRD 图谱中，发现低强度峰与 $MgZn_2$ 型（空间群号 P63/mmc）拉维斯相最为匹配。文献［25-26］也报道了类似的结果。在 A_{Sc} 合金中，发现存在富含 Sc（α-Sc，空间群号 P63/mmc）的第二相。上述分析得到的结果与 2.5 节的预测结果基本一致，这表明通过热力学平衡参数 Ω 和原子尺寸差 δ 的组合可以很好地预测合金相的形成。为了获得更详细的信息，利用 MAUD 软件对 XRD 图谱进行了 Rietveld 精修。精修图谱见图 4.3。细化数据见表 4.3。A_{Mn}、A_{Co}、A_{Sc} 和 A_{Ni} 合金 BCC 主相的晶格常数分别为 0.3047（1）、0.3030（1）、0.3088（1）、0.3040（1）nm。很明显，BCC 相的晶格常数差别很大，这主要是因为多种主元素形成的固溶相的晶格常数与原子半径的大小直接相关，即原子半径越大，形成的固溶相的晶格常数越大。在本研究中，Sc 原子半径（164.10 pm）远大于 Mn（135.00 pm）、Co（125.10 pm）和 Ni（124.59 pm），因此 A_{Sc} 合金的 BCC 主相的晶格常数最大。需要注意的是，元素的原子半径对其在固溶体中的固溶性限制太大，这就是 A_{Sc} 合金的 BCC 相丰度仅为 82%（质量分数），而其他合金的 BCC 相丰度在 97%（质量分数）以上的原因。

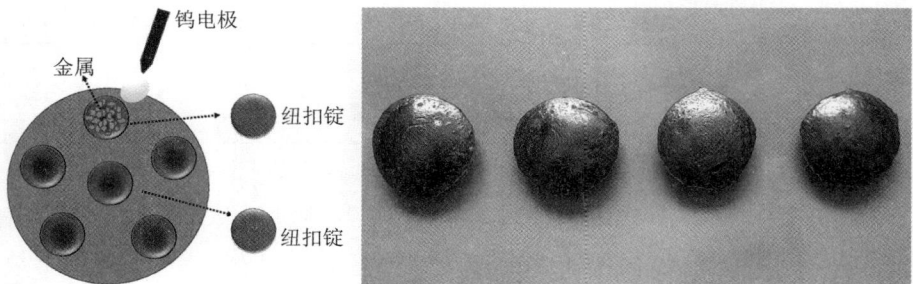

图 4.1　电弧熔炼制备的高熵合金

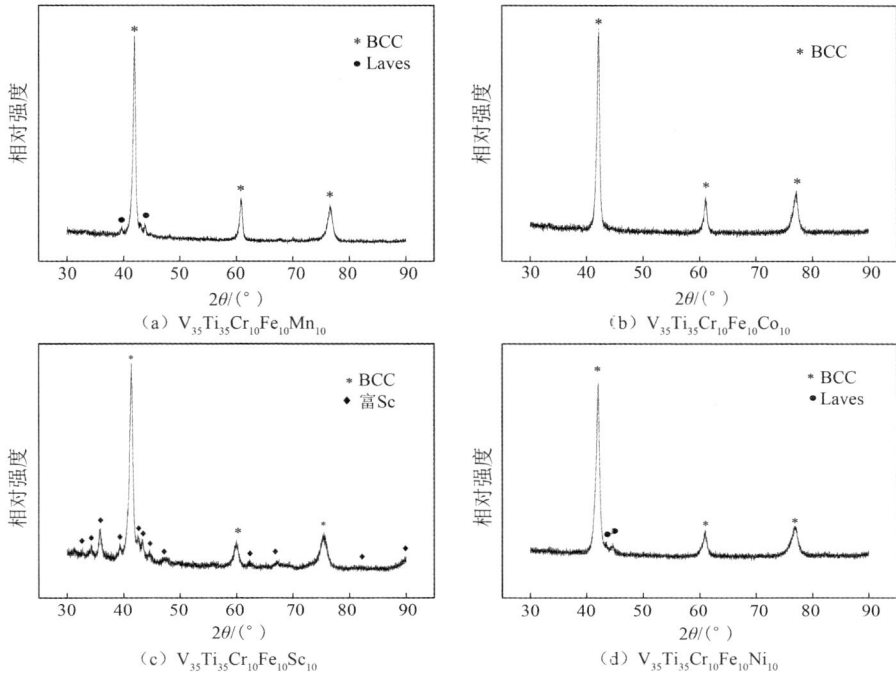

图 4.2　$V_{35}Ti_{35}Cr_{10}Fe_{10}M_{10}$(M＝Mn、Co、Sc 和 Ni)合金的 XRD 图谱

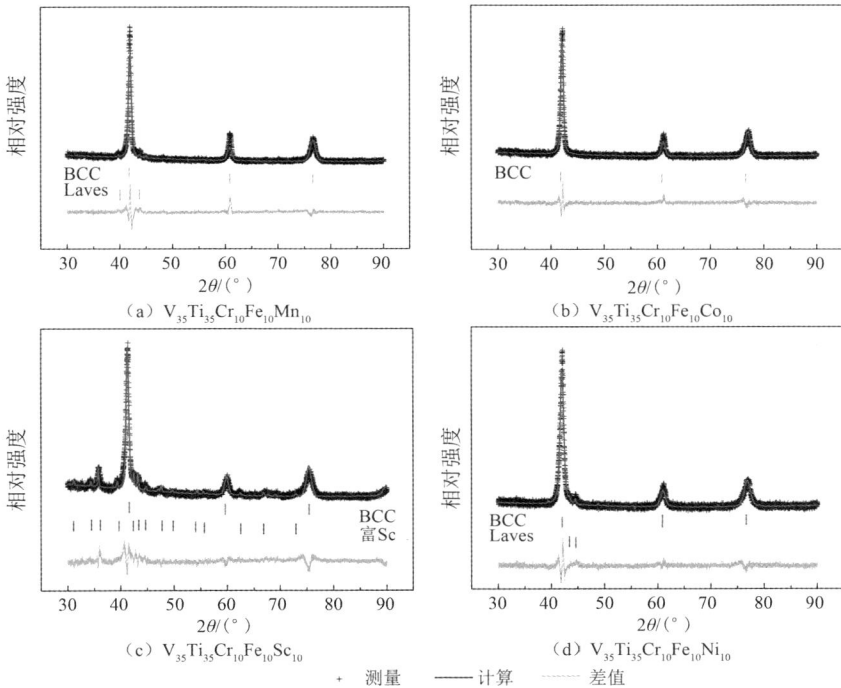

＋　测量　　——计算　　┈┈┈差值

图 4.3　$V_{35}Ti_{35}Cr_{10}Fe_{10}M_{10}$(M＝Mn、Co、Sc 和 Ni)合金的 XRD 精修图谱

表 4.3　$V_{35}Ti_{35}Cr_{10}Fe_{10}M_{10}$（M=Mn、Co、Sc 和 Ni）合金的精修数据

样品	物相	空间群	晶格常数		丰度（质量分数）/%	R_{wp}/%	S
			$0.1a$/nm	$0.1c$/nm			
A_{Mn}	BCC	Im-3m（229）	3.047(1)	—	97(1)	14.14	1.37
	Laves	P63-mcc（194）	4.802(2)	8.132(4)	3(1)		
A_{Co}	BCC	Im-3m（229）	3.030(1)	—	100	10.13	1.41
A_{Sc}	BCC	Im-3m（229）	3.088(1)	—	82(1)	10.08	1.61
	Sc-rich	P63-mcc（194）	3.308(3)	5.218(4)	7(1)		
	Laves	P63-mcc（194）	4.997(2)	8.093(5)	11(1)		
A_{Ni}	BCC	Im-3m（229）	3.040(1)	—	97(1)	9.00	1.16
	Laves	P63-mcc（194）	4.842(4)	8.153	3(1)		

　　铸态 $V_{35}Ti_{35}Cr_{10}Fe_{10}M_{10}$（M=Mn、Co、Sc 和 Ni）合金的扫描电子显微镜显微照片如图 4.4 所示。可以看出，这四种合金都是由多相组成的，分别如图 4.4 中的 A、B、C 所示。图 4.5 显示了 A_{Co} 合金的背散射电子（BSE）图像中不同相的 EDS 结果。其他三种合金的 EDS 光谱和元素分布图分别见图 4.6 至图 4.8。A_{Co}、A_{Sc} 和 A_{Ni} 高熵合金不同区域的化学成分见表 4.5 至表 4.7。从图 4.4（b）和图 4.5 中可以看出，A_{Co} 合金的扫描电子显微镜图像中有三个灰色深浅不同的区域，分别对应三个不同的相。表 4.4 列出了 A_{Co} 合金各相中组成元素的含量。所获得的 EDS 数据显示，在 A_{Co} 合金中，A 区为 BCC 相基体，B 区中 Ti 和 Co 的比例较高，C 区则是富钛区。上述 XRD 相分析结果表明，A_{Co} 合金是单相 BCC 固溶体，因此可以推断大体积分数的 B 区也是 BCC 结构固溶体的贡献区。在 XRD 图谱中未发现第二相的主要原因是 C 区的含量较小。在 A_{Mn} 合金中，SEM-EDS 分析表明 A 区和 B 区分别代表 BCC 相和 Laves 相。在 A_{Sc} 合金中，A 区和 B 区分别代表 BCC 相和富 Sc 相。这与上述 XRD 结果一致。在 A_{Ni} 合金中，获得的 EDS 数据显示 A 区为 BCC 相基体，B 区的 Ti 和 Ni 比例较高，C 区的 Ti 含量较高。上述 XRD 结果表明，A_{Ni} 合金由 BCC 相和少量 Laves 相组成。因此，与 A_{Co} 合金类似，可以推断大面积的 B 区也是 BCC 结构固溶体的一部分，而 C 区则代表 Laves 相。含钒的 BCC 结构固溶体中的 TiNi 相在之前的氢气纯化用 V-Ti-Ni 金属膜的研究中也有报道[27-29]。

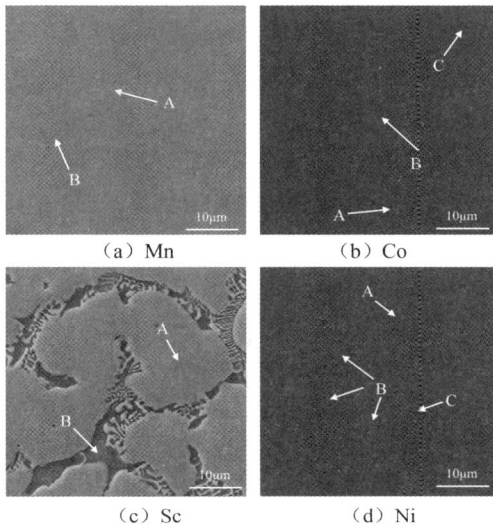

（a）Mn　　　　　　　　（b）Co

（c）Sc　　　　　　　　（d）Ni

图 4.4　$V_{35}Ti_{35}Cr_{10}Fe_{10}M_{10}$(M＝Mn, Co, Sc, Ni) 合金的扫描电子显微镜图像

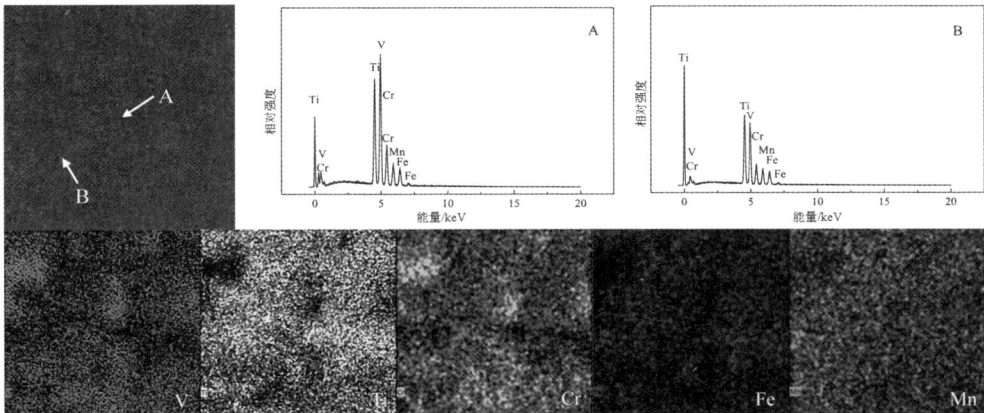

图 4.5　$V_{35}Ti_{35}Cr_{10}Fe_{10}Co_{10}$ 合金的 EDS 分析

表 4.4　$V_{35}Ti_{35}Cr_{10}Fe_{10}Co_{10}$ 合金的 EDS 结果

区域	A					B					C				
元素	V	Ti	Cr	Fe	Co	V	Ti	Cr	Fe	Co	V	Ti	Cr	Fe	Co
原子/%	41.73	31.58	11.53	8.61	6.55	13.62	53.45	3.87	11.42	17.64	9.19	73.57	2.42	5.78	9.04
误差/%	3.16	2.32	0.97	0.82	0.70	1.10	3.84	0.39	1.01	1.57	0.81	5.38	0.32	0.62	0.93

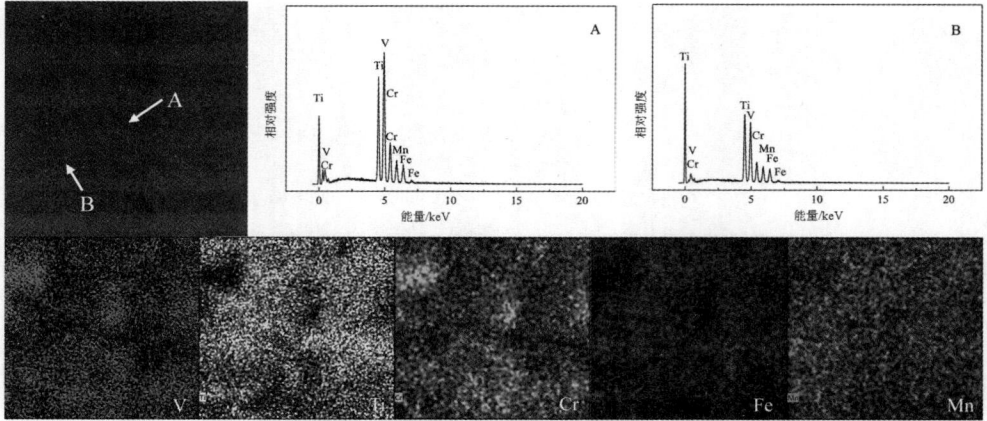

图 4.6 $V_{35}Ti_{35}Cr_{10}Fe_{10}Mn_{10}$ 合金的 EDS 分析

表 4.5 $V_{35}Ti_{35}Cr_{10}Fe_{10}Mn_{10}$ 合金的 EDS 结果

区域	A					B				
元素	V	Ti	Cr	Fe	Mn	V	Ti	Cr	Fe	Mn
原子/%	35.86	35.27	9.92	9.14	9.82	24.33	42.93	8.66	12.45	11.63
误差/%	2.83	2.67	0.90	0.91	0.94	2.17	3.56	0.88	1.29	1.19

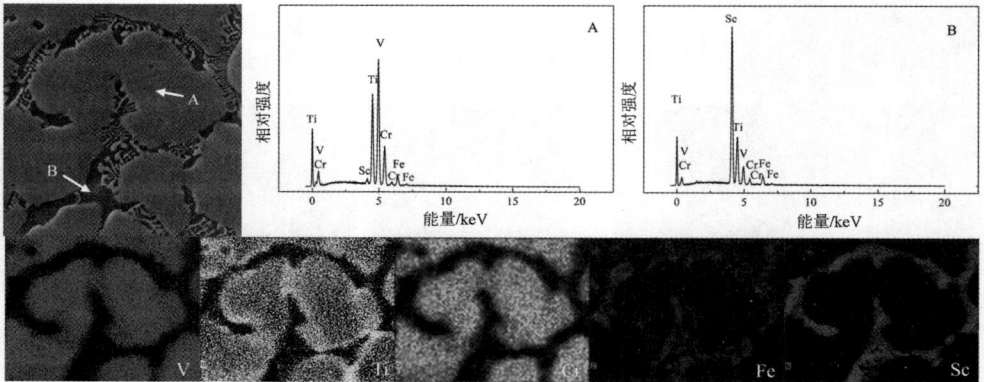

图 4.7 $V_{35}Ti_{35}Cr_{10}Fe_{10}Sc_{10}$ 合金的 EDS 分析

表 4.6 $V_{35}Ti_{35}Cr_{10}Fe_{10}Sc_{10}$ 合金的 EDS 结果

区域	A					B				
元素	V	Ti	Cr	Fe	Sc	V	Ti	Cr	Fe	Sc
原子/%	45.64	33.02	12.55	8.09	0.69	0	0	0	14.42	85.58
误差/%	2.38	1.67	0.74	0.57	0.12	0	0	0	0.09	0.13

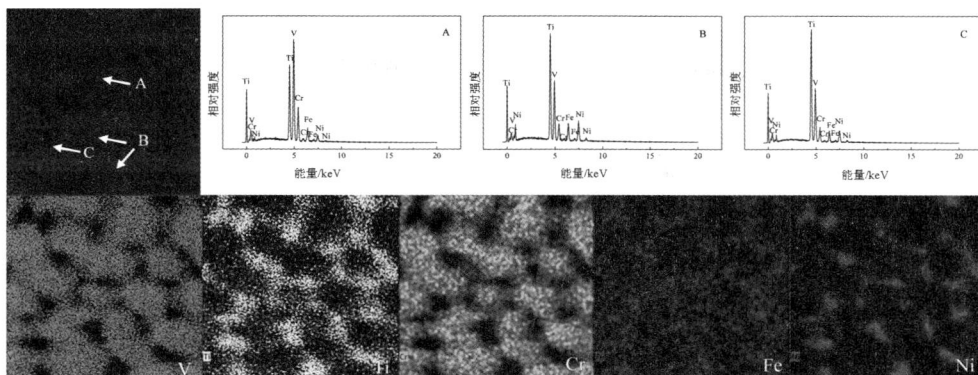

图 4.8 $V_{35}Ti_{35}Cr_{10}Fe_{10}Ni_{10}$ 合金的 EDS 分析

表 4.7 $V_{35}Ti_{35}Cr_{10}Fe_{10}Ni_{10}$ 合金的 EDS 结果

区域	A					B					C				
元素	V	Ti	Cr	Fe	Ni	V	Ti	Cr	Fe	Ni	V	Ti	Cr	Fe	Ni
原子/%	40.65	35.46	11.08	8.56	4.25	19.45	58.50	5.07	7.71	9.27	18.11	63.94	5.11	5.97	6.87
误差/%	2.77	2.33	0.86	0.75	0.47	1.19	3.21	0.41	0.58	0.70	1.26	3.95	0.46	0.54	0.62

为了获得更多的微观结构信息，著者对铸造的 $V_{35}Ti_{35}Cr_{10}Fe_{10}M_{10}$(M = Mn，Co，Sc，Ni) 高熵合金进行了透射电子显微镜分析。图 4.9 显示了 $V_{35}Ti_{35}Cr_{10}Fe_{10}Co_{10}$ 合金的 TEM 图像。图 4.10 至图 4.12 显示了这项工作中其他合金的 TEM 图像。图 4.9(a)和(b)分别为明场和暗场图像。从试样颗粒边缘区域获得的明场图像显示出明显的纳米晶结构。暗视野图像[图 4.9（b ）]也显示了纳米晶结构，粉末颗粒边缘的结晶就是证明，估计的 d 值为 10 nm。根据舍勒方程计算，晶粒大小约为 16 nm。SAED 图样[图 4.9（c ）]也显示了合金中的多晶结构。SAED 图样和高分辨率透射电子显微镜显微照片[图 4.9（d ）]显示可以观察到 BCC 结构纳米晶相。在高分辨率透射电子显微镜显微照片的子区域中，通过快速傅里叶变换衍射对各相的识别也证实了这一结论，详细信息见图 4.9（d)的插入部分。这一结果与 XRD 分析结果一致。

（a）明场像　　　　　　　　　　（b）暗场像

（c）选区电子衍射　　　（d）高分辨率透射像及傅里叶转变

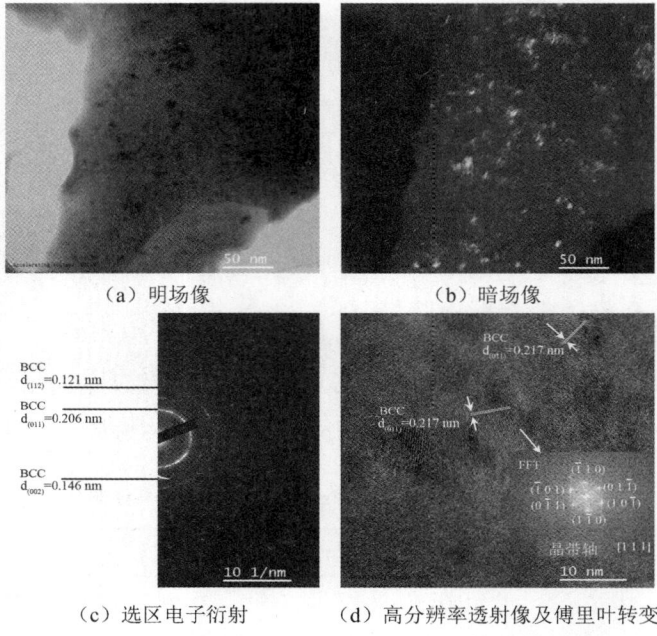

图 4.9　$V_{35}Ti_{35}Cr_{10}Fe_{10}Co_{10}$ 合金的透射电子显微镜分析

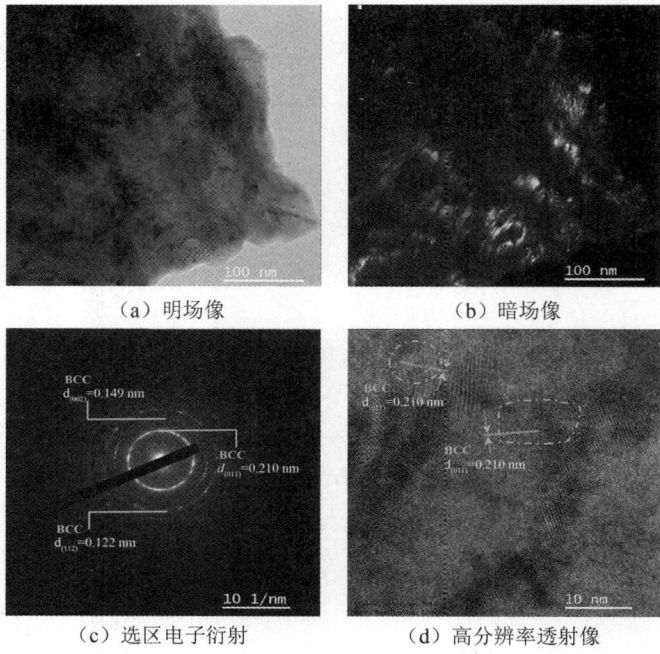

（a）明场像　　　　　　　　　　（b）暗场像

（c）选区电子衍射　　　　　　（d）高分辨率透射像

图 4.10　$V_{35}Ti_{35}Cr_{10}Fe_{10}Mn_{10}$ 合金的透射电子显微镜分析

（a）明场像

（b）暗场像

（c）选区电子衍射

（d）高分辨率透射像

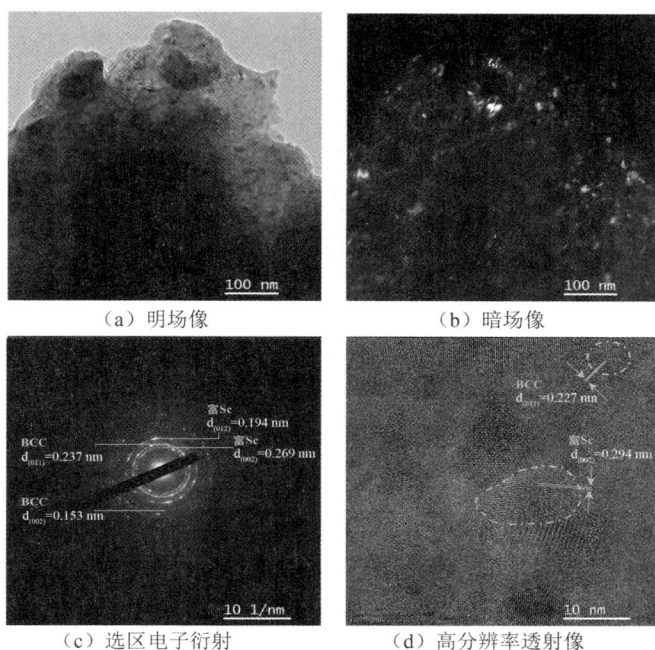

图 4.11　$V_{35}Ti_{35}Cr_{10}Fe_{10}Sc_{10}$ 合金的透射电子显微镜分析

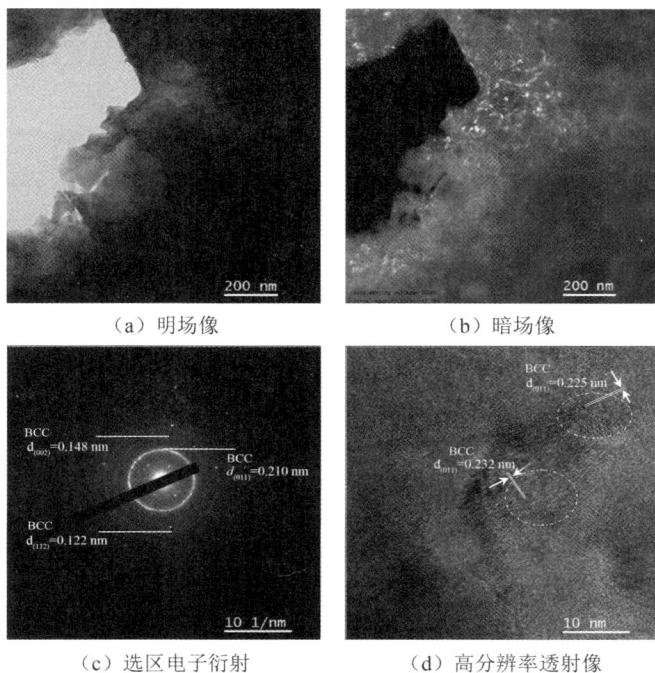

（a）明场像

（b）暗场像

（c）选区电子衍射

（d）高分辨率透射像

图 4.12　$V_{35}Ti_{35}Cr_{10}Fe_{10}Ni_{10}$ 合金的透射电子显微镜分析

4.2 合金的储氢性能

4.2.1 活化性能

图 4.13 显示了 $V_{35}Ti_{35}Cr_{10}Fe_{10}M_{10}$（M=Mn，Co，Sc，Ni）合金在 295 K 和 4 MPa 初始氢压条件下的活化曲线。可以看出，高熵合金在室温下经过两次吸氢和解吸循环后即可活化，表现出优异的活化性能。合金在室温下的第一次吸氢需要一个孵育过程。A_{Mn}、A_{Co}、A_{Sc} 和 A_{Ni} 合金的孵育时间分别为 500，200，1000，500 s。可见，孵育时间取决于合金成分。孵育后，合金开始以较慢的速度吸氢。第一次氢化完成后，氢化合金在 400 ℃ 下抽真空 1 h，在室温下进行第二次活化。在第二次活化过程中，合金能够在短时间内完成完全氢化（2 H/M）。

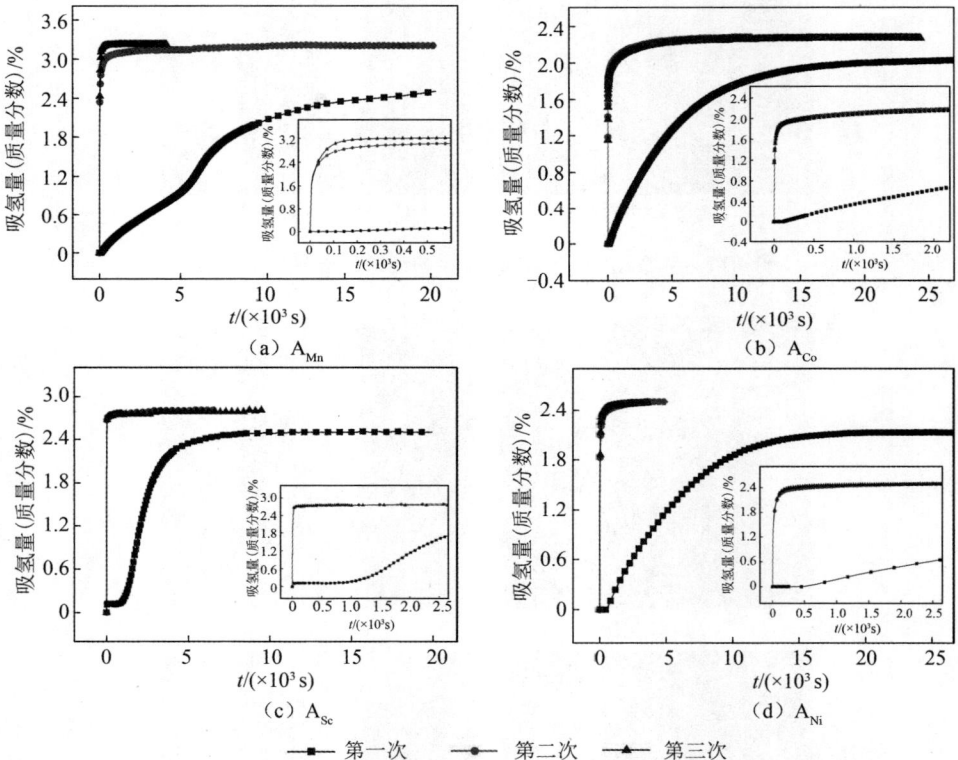

图 4.13　$V_{35}Ti_{35}Cr_{10}Fe_{10}M_{10}$（M=Mn，Co，Sc，Ni）合金的活化曲线

事实上，过去几十年研究的钒基储氢合金必须在 400 ℃ 以下进行氢化预处理，然后才能通过吸氢/解吸循环活化。例如，$V_{50}Ti_{16}Cr_{34}$、$V_{49}Ti_{16}Cr_{34}Fe_1$ 和 $V_{50}Ti_{16}Cr_{30}Nb_4$ 合金在活化前需要在大约 400 ℃ 下进行氢化[30]。图 4.14 显示了 $V_{35}Ti_{35}Cr_{10}Fe_{10}M_{10}$（M=Mn，Co，Sc，Ni）合金的原位氢化 DSC 曲线。所有合金都开始吸氢，并在低于 300 ℃ 时达到放热峰值。这意味着纳米结构

$V_{35}Ti_{35}Cr_{10}Fe_{10}M_{10}$(M=Mn，Co，Sc，Ni)合金的初始预处理温度比传统合金低约 100 ℃。这与通过纳米化降低镁基储氢合金吸氢温度的机制是一致的[31-37]。观察到的热力学性质的这种变化与纳米晶体之间的晶界(GB)提供的过剩能量有关，它促进了 H_2 分子的解离，从而为降低金属氢化物的形成温度提供了另一种潜在的工具。此外，从图 4.14 中可以看出，A_{Sc} 合金初始吸氢 DSC 的峰值温度为 191 ℃，低于其他三种合金，这表明 A_{Sc} 合金更容易吸氢。这主要是由合金的微观结构不同造成的。A_{Sc} 合金 BCC 主要相的晶格常数为 0.3088 nm，比其他合金的晶格常数大。晶格常数越大，间隙位置的空间越大，越有利于氢原子进入。同时，A_{Sc} 初始吸氢的放热量为 23.76 kJ/mol，高于其他合金，这表明 A_{Sc} 合金与其他三种合金相比不易释放氢气。

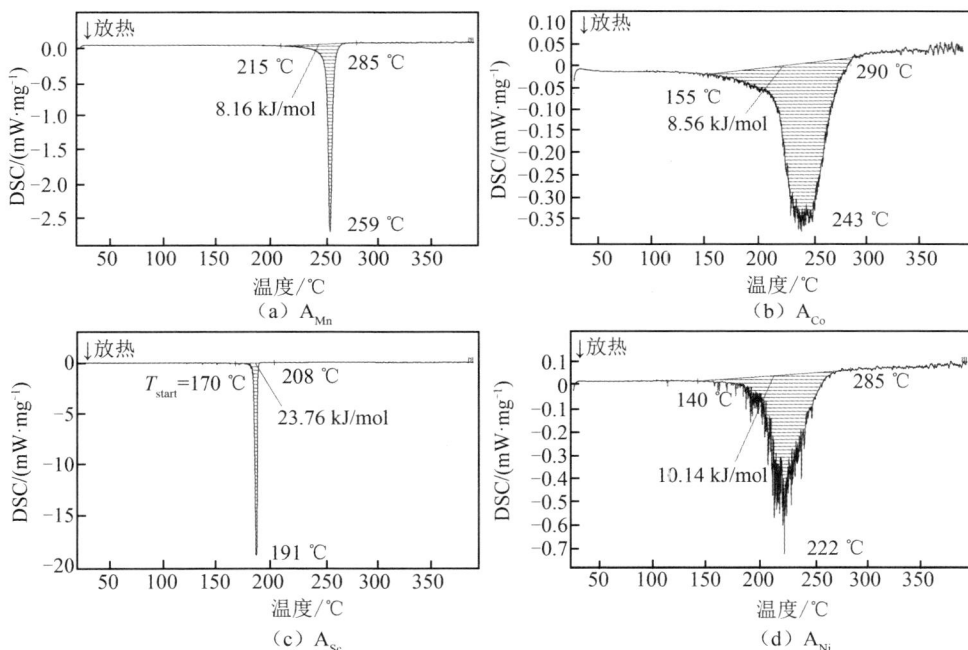

图 4.14　$V_{35}Ti_{35}Cr_{10}Fe_{10}M_{10}$(M=Mn，Co，Sc，Ni)合金的原位氢化 DSC 曲线

4.2.2　动力学性能

图 4.15 显示了完全活化后高熵合金的吸氢动力学曲线。很明显，所有合金都表现出非常快的氢化动力学，这表明氢原子在高熵合金中扩散很快。例如，在室温下，A_{Mn}、A_{Co}、A_{Sc} 和 A_{Ni} 合金从吸氢到达到 90% 饱和氢水平(t_{90})所需的时间分别为 77 s，126 s，54 s，90 s。与文献[38-42]中报道的 t_{90} 超过 250 s 的 BCC 结构固溶体合金相比，本章中的高熵合金具有出色的吸氢动力学性能。所制备的铸造合金由许多纳米晶体组成，晶界密度高，为氢原子的扩散提供了便

利的通道，因此高熵合金表现出非常好的氢化动力学。

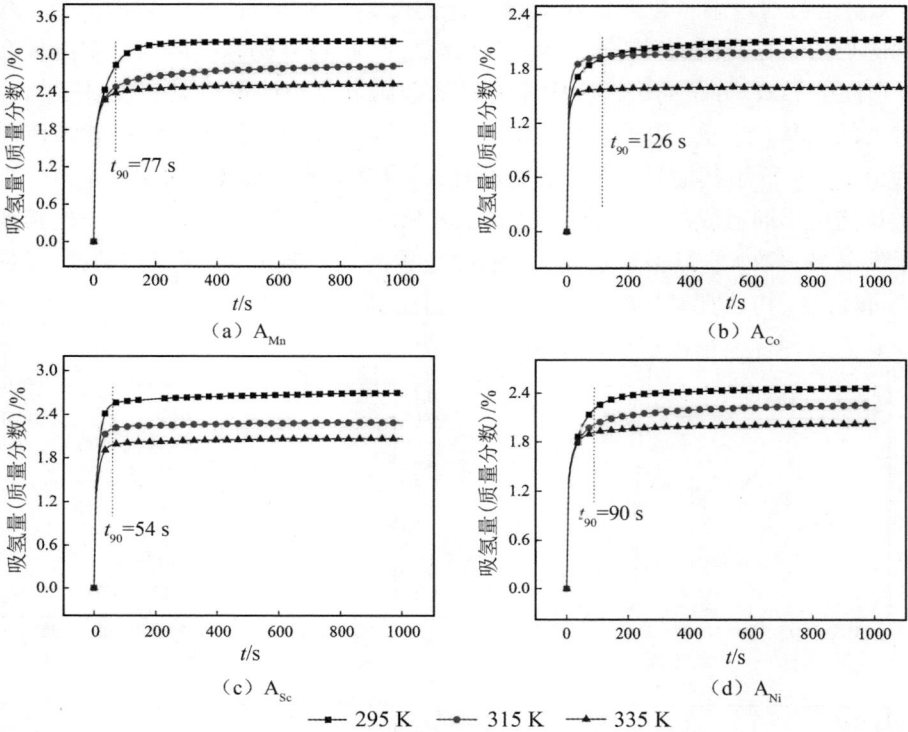

（a）A_{Mn}

（b）A_{Co}

（c）A_{Sc}

（d）A_{Ni}

■— 295 K ●— 315 K ▲— 335 K

图 4.15　$V_{35}Ti_{35}Cr_{10}Fe_{10}M_{10}$（M=Mn，Co，Sc，Ni）合金的吸氢动力学曲线

如图 4.16 所示，合金的整个吸氢反应可能通过以下步骤发生：①氢分子的物理吸附；②化学吸附及氢分子分解；③氢原子在金属基体中的扩散和渗透；④金属氢化物的成核和生长。每个步骤都可能影响氢化的速率，但整个过程中最慢的步骤是限制速率的步骤。动力学机制的研究通常基于用各种分析模型拟合随时间变化的反应分数 $\alpha(t)$，从而确定固有的限速步骤。

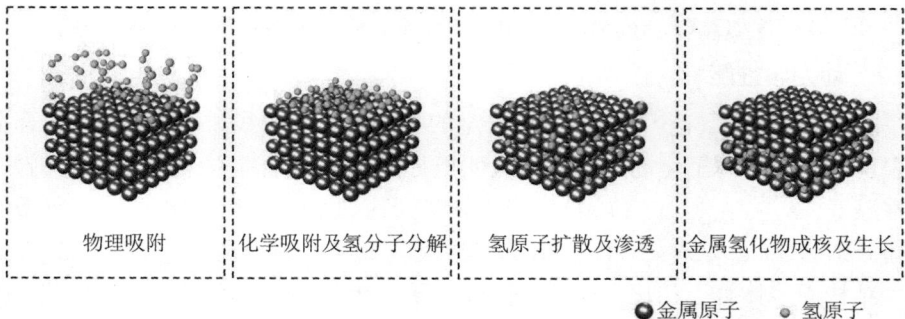

物理吸附　　化学吸附及氢分子分解　　氢原子扩散及渗透　　金属氢化物成核及生长

● 金属原子　● 氢原子

图 4.16　吸氢过程的动力学步骤示意图

为了研究 $V_{35}Ti_{35}Cr_{10}Fe_{10}M_{10}$(M=Mn，Co，Sc，Ni)高熵合金的氢化机理，用文献[43-45]中列出的 42 个模型拟合反应分数 $\alpha(t)$，当相关系数 R^2 最大且接近 1 时，得到相应的吸氢过程反应机理函数。

图 4.17 是 $V_{35}Ti_{35}Cr_{10}Fe_{10}M_{10}$(M=Mn，Co，Sc，Ni)高熵合金在 295 K 下的氢化反应动力学机理模型。从拟合结果可以发现，吸氢过程的动力学机理包括成核和生长机理 $\{[-\ln(1-\alpha)]^n=k_1t,n=3/4,1,3/2,2,3,4\}$ 和三维扩散(3D)机理 $\{[1-(1-\alpha)^{n/3}]^2=k_2t, n=\pm1\}$。氢化的第一阶段(Ⅰ)是成核和生长模型。随着反应时间的延长，吸氢动力学机制逐渐转变为三维机制[第二阶段(Ⅱ)]。

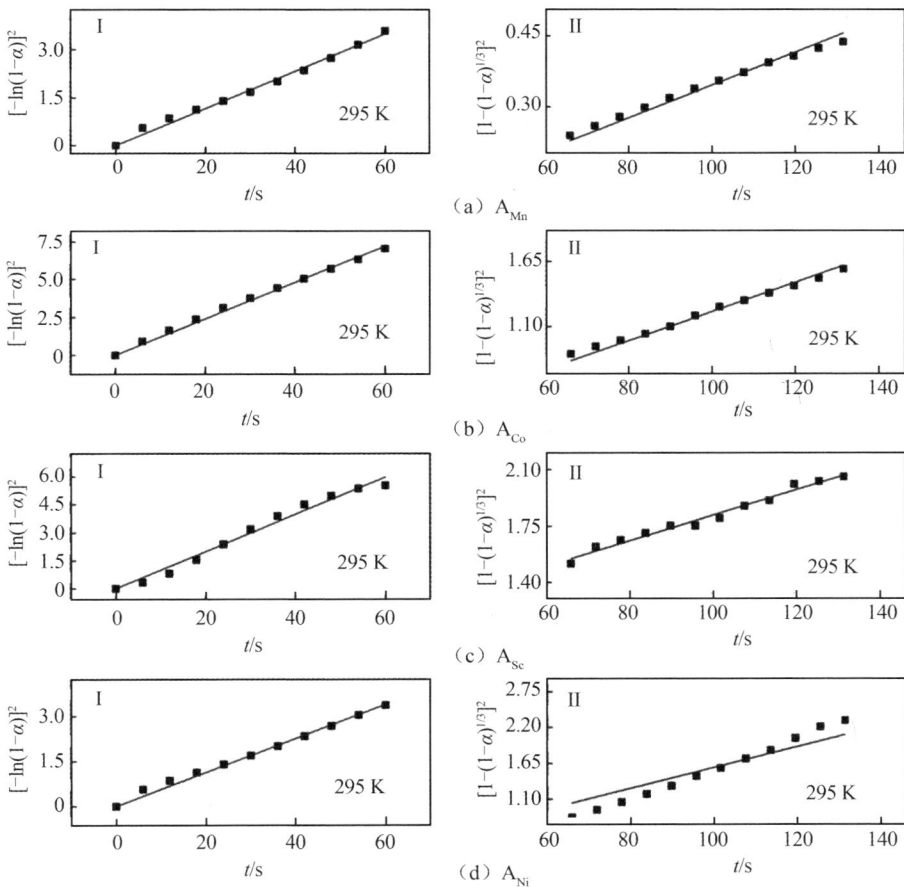

图 4.17 $V_{35}Ti_{35}Cr_{10}Fe_{10}M_{10}$(M=Mn，Co，Sc，Ni)合金的吸氢动力学机理拟合

为了解整个氢化过程中的限速步骤，表 4.8 列出了不同阶段的反应速率常数 k。结果表明，成核和生长反应速率 k_1 大于三维扩散反应速率 k_2。随着反应时间的延长，金属氢化物层的厚度逐渐增加，对氢原子的扩散造成了较大的阻

碍。这表明氢原子在金属氢化物中的三维扩散是整个氢化过程的限速步骤。

表 4.8　不同吸氢反应阶段的反应速率常数

合金	温度/K	第一阶段			第二阶段		
		k_1/s^{-1}	R^2	t/s	k_2/s^{-1}	R^2	t/s
A_{Mn}	295	0.0579	0.997	60	0.0034	0.999	130
A_{Co}	295	0.1197	0.998	60	0.0122	0.999	130
A_{Sc}	295	0.0995	0.994	60	0.0034	0.987	130
A_{Ni}	295	0.0566	0.997	60	0.0158	0.990	130

4.2.3　热力学性能

图 4.18 显示了合金的吸氢和解吸 PCI 曲线。表 4.9 汇总了 PCI 数据。与其他三种合金相比，A_{Mn} 合金的储氢能力（C_{abs}，质量分数）最大，在室温下可吸收质量分数高达 3.27 的氢。这也高于所报道的 BCC 结构和其他结构高熵合金的储氢能力。表 4.10 列出了近年来文献报道的高熵合金的储氢能力。影响合金吸氢能力的主要因素是吸氢相的丰度和晶格常数。A_{Mn} 合金的储氢能力最高，主要是由于 BCC 相的丰度非常高（质量分数为 97%）和晶格参数较大（0.3047(1) nm）。然而，在 295 K 温度下，合金在 0.02 MPa 截止压力下的有效氢解吸能力（C_{des}，质量分数）仅为 0.39（质量分数）。这主要是由于合金在室温下脱氢的平台压力（P_{eq}，MPa）较低。随着工作温度的升高，脱氢的热力学驱动力逐渐增大，导致氢气解吸效率逐渐提高。在 315 K 和 335 K 条件下，放氢至 0.02 MPa 截止压力的 C_{des} 分别为 1.55% 和 1.57%（质量分数）。与其他三种合金的 C_{des} 相比，这也是最高的。氢解吸效率大于 52%。

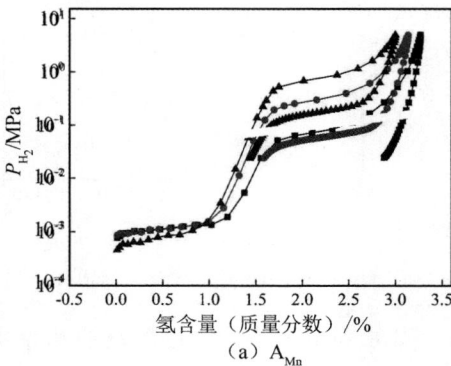

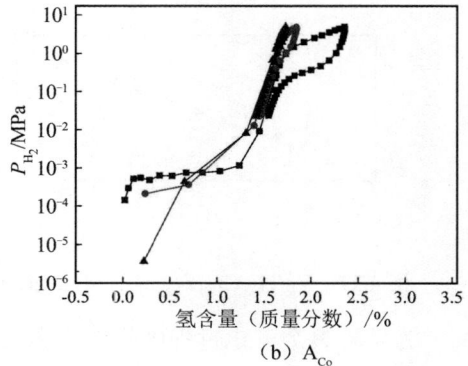

（a）A_{Mn}　　　　　　　　　　　　（b）A_{Co}

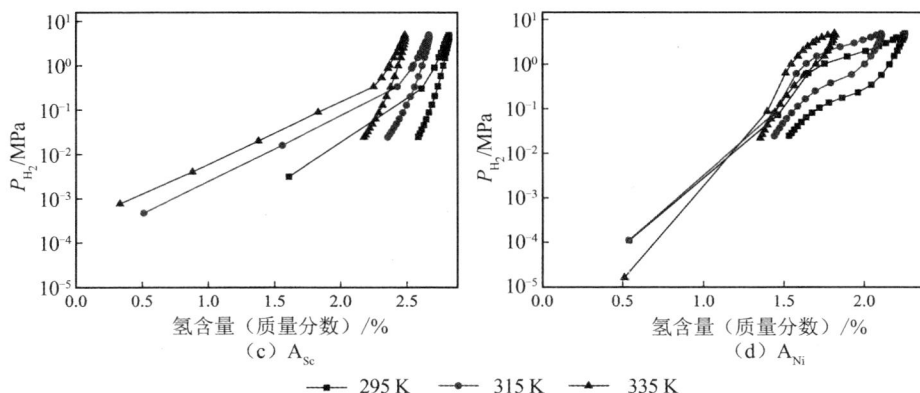

图 4.18　$V_{35}Ti_{35}Cr_{10}Fe_{10}M_{10}$（M＝Mn，Co，Sc，Ni）合金的 PCI 曲线

表 4.9　$V_{35}Ti_{35}Cr_{10}Fe_{10}M_{10}$（M＝Mn，Co，Sc，Ni）合金的储氢性能

合金	温度/K	吸氢		放氢	
		C_{abs}	P_{eq}	C_{des}	P_{eq}
A_{Mn}	295	3.27	0.14	0.39	<0.02
	315	3.14	0.45	1.55	0.07
	335	3.00	1.05	1.57	0.21
A_{Co}	295	2.36	2.86	0.82	0.58
	315	1.84	4.60	0.39	1.20
	335	1.73	>5.00	0.33	2.61
A_{Sc}	295	2.82	0.01	0.24	<0.02
	315	2.67	0.04	0.32	<0.02
	335	2.49	0.11	0.38	<0.02
A_{Ni}	295	2.25	1.34	0.72	0.27
	315	2.11	2.54	0.67	0.60
	335	1.82	3.94	0.47	1.05

表 4.10　文献中报道的高熵合金吸氢能力汇总表

序号	高熵合金	制备方法	晶体结构	温度/℃	最大储氢量（质量分数）/%	文献
1	$Mg_{12}Al_{11}Ti_{33}Mn_{11}Nb_{33}$	BM	BCC	275	1.75	[46]
2	TiNbVZrHf	AM	BCC	300	2.70	[47]
3	TiNbZrMoV	LENS	BCC	50	0.59	[48]
4	$MgZrTiFe_{0.5}Co_{0.5}Ni_{0.5}$	BM	BCC	350	1.50	[49]

表 4.10（续）

序号	高熵合金	制备方法	晶体结构	温度/℃	最大储氢量（质量分数）/%	文献
5	FeMnNiCrAlW	BM	BCC	RT	0.62	[50]
6	MgTiVZrNb	BM	BCC	25	2.70	[51]
7	TiZrHfMoNb	AM	BCC	RT	1.18	[52]
8	TiZrHfScMo	DFT	BCC	RT	2.14	[53]
9	TiZrNbHfTa	AM	BCC	300	2.20	[54]
10	FeMnCoTiVZr	AM	C14 Laves	RT	1.80	[55]
11	FeMnCrTiVZr	AM	C14 Laves	5	2.23	[56]
12	FeMnCrNiTiZr	AM	C14 Laves	RT	1.70	[57]
13	ZrTiVCrFeNi	LENS	C14 Laves	50	1.81	[58]
14	ZrTiVNiCrFe	AM	C14 Laves	RT	1.60	[59]
15	TiNbZrMoV	LENS	Mixed phases	50	2.30	[48]
16	LaFeNiMnV	LENS	σ+La(NiMn)$_5$	35	0.83	[60]
17	FeVCoTiCrZr	AM	Mixed phases	RT	1.88	[61]
18	TiZrVCrNi	AM	C14 Laves	32	1.52	[62]
19	TiZrFeMnCrV	BM	C14 Laves	0	1.89	[63]
20	ZrTiVFe$_{90}$Al$_{10}$	AM	C14 Laves	RT	1.30	[64]

注：BM 代表高能球磨；AM 代表电弧熔炼；LENS 代表激光工程净成形；DFT 代表密度泛函理论计算。

除了容量之外，平台压力对储氢合金的实际应用也有非常重要的影响。理论上，BCC 结构合金的 PCI 曲线有两个平台，一个是低压平台，另一个是高压平台。然而，由于第一个平台的压力太低(纯钒在 298 和 343 K 时分别为 0.001 和 0.1 Pa)[65-66]，在实际测试中一般很难检测到第一个平台，因此报告的 PCI 只在高压下有一个平台。然而，令人兴奋的是，从图 4.18 中可以发现 A$_{Mn}$ 合金的吸氢 PCI 曲线有两个平台。低的高原压力约为 10^{-3} MPa，高的高原压力见表 4.9。如图 4.18 所示，在氢含量≤1%(质量分数，H/M≤0.5)区域的 PCI 曲线中观察到的第一个平台对应 A$_{Mn}$ 合金在极低压力下快速吸收氢气，形成具有 BCT 结构的单氢化物相($V_{35}Ti_{35}Cr_{10}Fe_{10}Mn_{10}$)$_2$H。第二个高原与具有 FCC 结构的二氢化物相($V_{35}Ti_{35}Cr_{10}Fe_{10}Mn_{10}$)H$_2$ 的形成相对应。图 4.19 展示了吸氢过程中晶格的变化。通过数据库(https://next-gen.materialsproject.org/materials)获取 CIF

文件，并使用 VESTA 软件对结构模型进行可视化。随着氢含量的增加，合金结构从 BCC 相通过中间 BCT 相转变为 FCC 相。

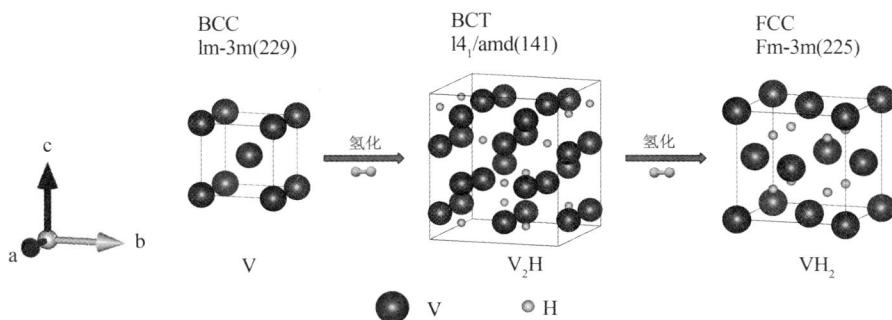

图 4.19　BCC 合金氢化过程的晶格转变

除 A_{Mn} 合金外，A_{Co} 合金在 295 K 时的吸氢 PCI 曲线也出现了两个平台。随着工作温度的升高，PCI 曲线变得倾斜，平台几乎无法观察到。如图 4.18（c）所示，A_{Sc} 合金的氢解吸 PCI 曲线的平台压力非常低，在放氢截止值为 0.02 MPa 的区域内没有观察到平台。这主要与 BCC 相的晶格常数有关，晶格常数越大，高原压越低。A_{Sc} 合金的 BCC 相的晶格常数最大，为 0.3088（1）nm。较低的平台压导致极低的氢解吸率（小于 16%），即氢在室温附近难以释放。

众所周知，平台压力是温度的函数，即温度和高原压力符合 Van't Hoff 方程，如式（4.4）所示[13]：

$$\ln \frac{P_{eq}}{P_0} = \frac{\Delta H}{RT} - \frac{\Delta S}{R} \qquad (4.4)$$

式中，P_{eq} 为平台压力，P_0 为 0.101 MPa，ΔH 为反应焓，R 为 8.314 J/（mol·K），T 为工作温度，ΔS 为反应熵。每种合金的 Van't Hoff 图如图 4.20 所示。图 4.20（c）是 A_{Sc} 合金的吸氢 Van't Hoff 图，计算得出 ΔH_{abs} 的值为（−48.63±2.24）kJ/mol。由于 A_{Sc} 合金氢化 PCI 曲线的平台压太低，因此无法得到脱氢 Van't Hoff 图。但众所周知，吸氢与脱氢平台之间存在滞后效应，因此可以确定 ΔH_{des} 的值大于（48.63±2.24）kJ/mol。图 4.20（a）、（b）和（d）分别显示了 A_{Mn}、A_{Co} 和 A_{Ni} 合金的 Van't Hoff 图。点⑧的数据是根据其他两点的数据计算得出的外推值。计算结果表明，脱氢焓变的顺序为 $\Delta H_{des}(A_{Sc}) > \Delta H_{des}(A_{Mn}) > \Delta H_{des}(A_{Co}) > \Delta H_{des}(A_{Ni})$。脱氢焓变越大，形成的氢化物就越稳定，氢气解吸所需的能量就越大。金属氢化物的稳定性主要与元素的性质有关。Mn、Co、Sc 和 Ni 的电负性分别为 1.55，1.88，1.36，1.91，H 的电负性为 2.20。合金元素的电负性越低，对 H 的亲和力就越大，因此形成的金属氢化物就越稳定。

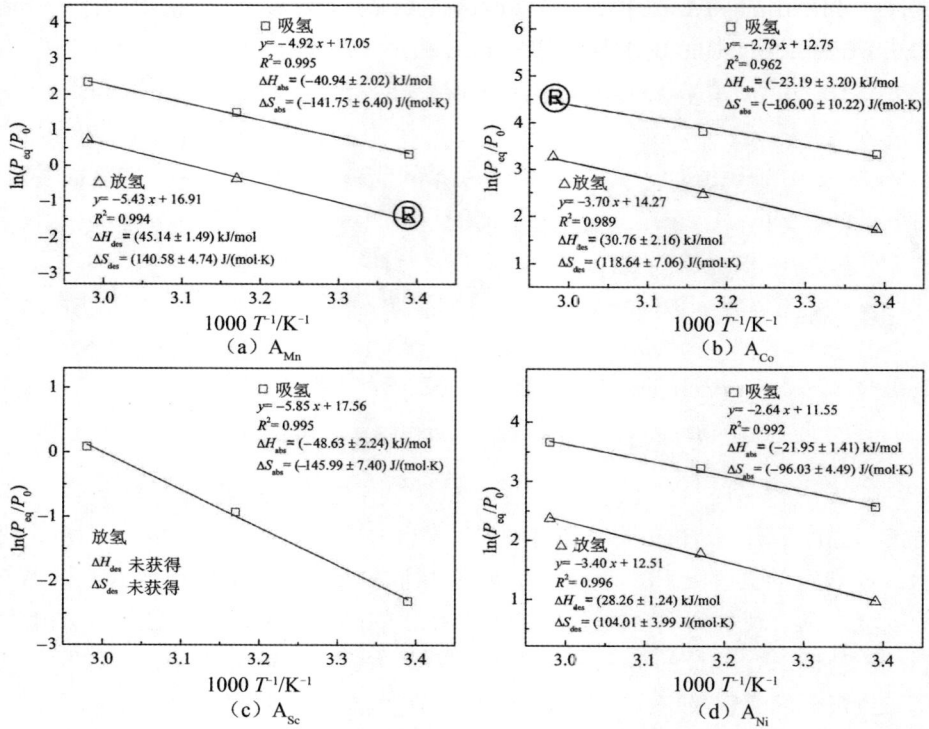

图 4.20 $V_{35}Ti_{35}Cr_{10}Fe_{10}M_{10}(M=Mn,Co,Sc,Ni)$ 合金的 Van't Hoff 图

4.2.4 导热性能

在实际应用中，储氢合金的使用必须考虑其导热性，因为良好的导热性是合金在储氢罐等反应器中实际使用的先决条件。为此，著者进一步研究了高熵合金的导热性能。激光闪光法是测量材料的热扩散率（α）、比热容（C_p）和热导率（λ）的常用可靠方法，指使用短脉冲激光照射测试样品的一个表面。如图 4.21（a）至（c）所示，样品表面吸收光后开始升温，检测器用于监测样品背面温度随时间变化的上升情况。得到样品厚度后，通过测量样品背面温度上升随时间变化的函数式[67]，就可以计算出样品的热扩散率：

$$\alpha = 0.1388 \frac{d^2}{t_{1/2}} \tag{4.5}$$

式中，α 为热扩散率，mm^2/s；d 为圆片状样品的厚度，mm；$t_{1/2}$ 为圆片状样品背面温度达到最大值二分之一所需的时间，s。通过比较参照样品和测试样品的 ΔT_{max}，可根据公式[68]得出测试样品的 C_p：

$$C_p^{样品} = (\Delta T_{max}^{参比} / \Delta T_{max}^{样品}) \cdot (m^{参比} / m^{样品}) \cdot C_p^{参比} \tag{4.6}$$

式中，$C_p^{样品}$ 和 $C_p^{参比}$ 分别为测试样品和参照样品的比热容，$J/(g \cdot K)$；$\Delta T_{max}^{样品}$ 和

$\Delta T_{\max}^{参比}$ 分别为测试样品和参照样品的最大温升，K；$m^{样品}$ 和 $m^{参比}$ 分别为测试样品和参照样品的质量，g。在获得热扩散率、比热容和密度后，可通过式(4.7)计算导热系数[69]：

$$\lambda = \rho \cdot C_{\mathrm{p}} \cdot \alpha \tag{4.7}$$

其中，λ 是导热系数，W/(m·K)；ρ 是密度，g/cm³；C_{p} 是测试材料的比热容，J/(g·K)。

图 4.21(d) 显示了高熵合金在 25～100 ℃ 温度范围内的热扩散率随温度变化的函数关系。可以清楚地看到，热扩散率随着温度的升高而线性增加，四种合金的热扩散率遵循 $A_{Sc} > A_{Co} > A_{Mn} > A_{Ni}$ 的顺序。图 4.21(e) 显示了合金的比热容与温度的函数关系。比热容随温度升高而逐渐增大，其顺序为 $A_{Sc} > A_{Ni} > A_{Mn} > A_{Co}$。图 4.21(f) 显示了合金的热导率与温度的关系。导热系数随温度升高而逐渐增大。四种合金的热导率遵循 $A_{Sc} > A_{Co} > A_{Mn} > A_{Ni}$ 的顺序。表 4.10 列出了合金在不同压实压力和温度下的热物理数据。可以看出，成型压力越高，圆盘状样品的导热性越好。A_{Sc} 样品在 100 ℃ 时的热导率最高，为 2.865 W/(m·K)，这与 Sc 的原子质量较小有关。因为原子质量越小，德拜温度越高，热导率越大。与纯 V[室温下热导率为 40 W/(m·K)[70]] 或 VBA[室温下热导率为 12 W/(m·K)[71]] 相比，所研究的高熵合金表现出较低的热导率。这主要有两个原因：一是测试的圆盘状样品是由粉末压制而成的。样品内部有孔隙，密度低于块状合金，因此热导率相对较低。二是金属或合金的热导率由两部分组成。一部分是作为热载体的自由电子，另一部分是作为热载体的声子。在高熵合金中，由多种合金元素形成的固溶体中的高密度晶界和严重的晶格畸变等晶体缺陷会散射声子和自由电子，导致它们的平均自由路径受到限制，从而导致热导率下降。

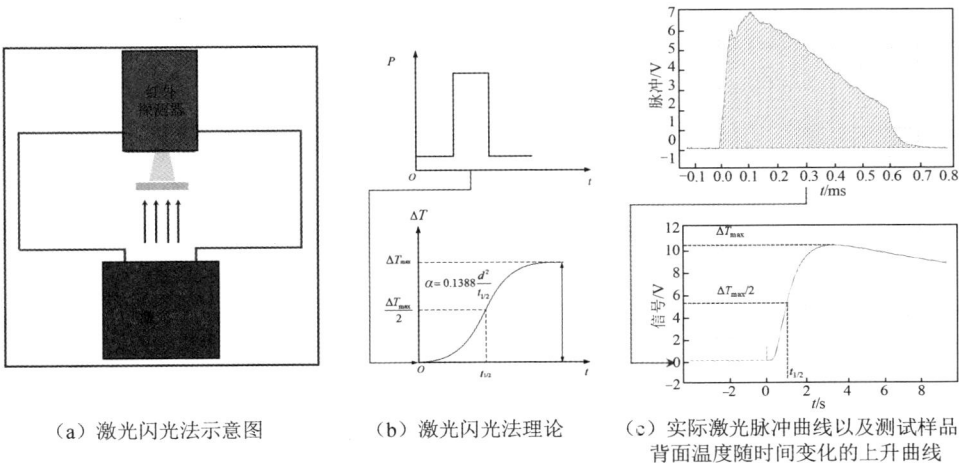

（a）激光闪光法示意图　　（b）激光闪光法理论　　（c）实际激光脉冲曲线以及测试样品背面温度随时间变化的上升曲线

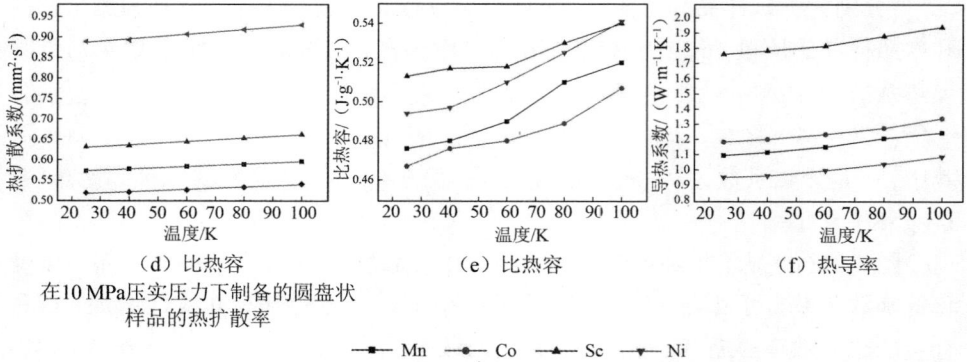

（d）比热容
在10 MPa压实压力下制备的圆盘状
样品的热扩散率

（e）比热容

（f）热导率

■— Mn　●— Co　▲— Sc　▼— Ni

图 4.21　在 10 MPa 压实压力下制备的圆盘状样品的热物理性能与温度的关系

表 4.11　不同压实压力和温度下高熵合金的导热系数数据

样品	温度/℃	750 MPa		1125 MPa		1500 MPa		C_p/
		α/ ($mm^2 \cdot s^{-1}$)	λ/ ($W \cdot m^{-1} \cdot K$)	α/ ($mm^2 \cdot s^{-1}$)	λ/ ($W \cdot m^{-1} \cdot K$)	α/ ($mm^2 \cdot s^{-1}$)	λ/ ($W \cdot m^{-1} \cdot K$)	($J \cdot g^{-1} \cdot K^{-1}$)
A_{Mn}	25	0.573	1.094	0.705	1.459	0.895	2.007	0.476
	40	0.578	1.113	0.707	1.476	0.895	2.023	0.480
	60	0.584	1.148	0.714	1.521	0.903	2.084	0.490
	80	0.589	1.205	0.721	1.599	0.912	2.191	0.510
	100	0.596	1.243	0.729	1.648	0.923	2.261	0.520
A_{Co}	25	0.632	1.182	0.642	1.310	0.681	1.526	0.467
	40	0.635	1.199	0.645	1.329	0.684	1.548	0.476
	60	0.644	1.232	0.654	1.365	0.692	1.587	0.480
	80	0.653	1.273	0.663	1.410	0.701	1.638	0.489
	100	0.662	1.338	0.673	1.484	0.710	1.720	0.507
A_{Sc}	25	0.889	1.760	0.886	1.912	1.248	2.579	0.513
	40	0.893	1.782	0.888	1.931	1.261	2.627	0.517
	60	0.907	1.813	0.900	1.961	1.283	2.678	0.518
	80	0.918	1.878	0.911	2.031	1.301	2.778	0.530
	100	0.930	1.938	0.920	2.090	1.317	2.865	0.540
A_{Ni}	25	0.519	0.950	0.498	1.070	0.665	1.324	0.494
	40	0.521	0.959	0.503	1.087	0.671	1.344	0.497
	60	0.526	0.994	0.512	1.135	0.682	1.401	0.510
	80	0.533	1.036	0.520	1.187	0.694	1.468	0.525
	100	0.541	1.084	0.528	1.242	0.705	1.537	0.541

参考文献

［1］　LI M Q.World energy 2014—2050(part 3)［EB/OL］.［2024-07-10］. http://peakoilbarrel.com/world-energy-2014-2050-part-3.

［2］　ABDELRAZIK M K, ABDELAZIZ S E, HASSAN M F, et al. Climate action：prospects of solar energy in Africa［J/OL］. Energy reports, 2022, 8：11363-11377［2024-07-10］.https://doi.org/10.1016/j.egyr.2022.08.252.

［3］　LI J X, PAN S Q, CHEN Y P, et al. Assessment of combined wind and wave energy in the tropical cyclone affected region：an application in China seas［J/OL］. Energy, 2022, 260：125020［2024-07-10］.https://doi.org/10.1016/j.energy.2022.125020.

［4］　LUO L, HAN H M, FENG D C, et al. Nanocrystalline high entropy alloys with ultrafast kinetics and high storage capacity for large scale room-temperature-applicable hydrogen storage［J/OL］. Renewables, 2024, 2：138-149［2024-07-12］.https://doi.org/10.31635/rnwb.024.202300049.

［5］　LU Y Z, ZHANG Y F, MA K N. The effect of population density on the suitability of biomass energy development［J/OL］.Sustainable cities and society, 2022：104240［2024-07-15］.https://doi.org/10.1016/j.scs.2022.104240.

［6］　KARAYEL G K, JAVANI N, DINCER I. Effective use of geothermal energy for hydrogen production：a comprehensive application［J/OL］. Energy, 2022, 249：123597［2024-07-20］.https://doi.org/10.1016/j.energy.2022.123597.

［7］　YUE M L, LAMBERT H G, PAHON E, et al. Hydrogen energy systems：a critical review of technologies, applications, trends and challenges［J/OL］. Renewable and sustainable energy reviews, 2021, 146：111180［2024-07-20］.https://doi.org/10.1016/j.rser.2021.111180.

［8］　ADITIYA H B, AZIZ M. Prospect of hydrogen energy in Asia-Pacific：a perspective review on techno-socio-economy nexus［J/OL］. Int J hydrogen energy, 2021, 46（71）：35027-35056［2024-07-21］. https://doi.org/10.1016/j.ijhydene.2021.08.070.

［9］　REN J W, MUSYOKA N M, LANGMI H W, et al. Current research trends and perspectives on materials-based hydrogen storage solutions：a critical review［J/OL］. Int J hydrogen energy, 2017, 42（1）：289-311［2024-08-10］. https://doi.org/10.1016/j.ijhydene.2016.11.195.

[10] YAO J, WU Z, WANG H, et al. Application-oriented hydrolysis reaction system of solid-state hydrogen storage materials for high energy density target: a review[J/OL]. Journal of energy chemistry, 2022, 74: 218-238[2024-08-10].https://doi.org/10.1016/j.jechem.2022.07.009.

[11] LAHMER. Numerical investigation of thermal and electrical management during hydrogen reversible solid-state storage using a novel heat exchanger based on thermoelectric modules[J/OL]. International journal of hydrogen energy, 2022, 47(71): 30580-30591[2024-08-10].https://doi.org/10.1016/j.ijhydene.2022.07.005.

[12] WEI X, LI C, QI Y, et al. Influence of porous carbon loaded with iron particles on hydrogen storage performances of as-milled Mg-Al-Y alloy[J/OL]. Materials characterization, 2022, 194: 112406[2024-08-15]. https://doi.org/10.1016/j.matchar.2022.112406.

[13] PARK K B, FADONOUGBO J O, NA T W, et al. On the first hydrogenation kinetics and mechanisms of a $TiFe_{0.85}Cr_{0.15}$ alloy produced by gas atomization [J/OL]. Materials characterization, 2022, 192: 112188[2024-08-20].https://doi.org/10.1016/j.matchar.2022.112188.

[14] LUO L, LI Y M, YUAN Z M, et al. Nanoscale microstructures and novel hydrogen storage performance of as cast $V_{47}Fe_{11}Ti_{30}Cr_{10}RE_2$(RE=La, Ce, Y, Sc)medium entropy alloys[J/OL]. Journal of alloys and compounds, 2022, 913:165273[2024-08-20].https://doi.org/10.1016/j.jallcom.2022.165273.

[15] YEH J W, CHEN S K, LIN S J, et al. Nanostructured high-entropy alloys with multiple principal elements: novel alloy design concepts and outcomes [J/OL]. Advanced engineering materials, 2004, 6(5): 299-303[2024-08-21].https://doi.org/10.1002/adem.200300567.

[16] CANTOR B, CHANG I T H, KNIGHT P, et al. Microstructural development in equiatomic multicomponent alloys [J/OL]. Materials science and engineering A, 2004, 375-377: 213-218[2024-08-25].https://doi.org/10.1016/j.msea.2003.10.257.

[17] MIRACLE D B, SENKOV O N. A critical review of high entropy alloys and related concepts[J/OL]. Acta materialia, 2017, 122: 448-511[2024-08-26].https://doi.org/10.1016/j.actamat.2016.08.081.

[18] MA Y Z, MA Y, WANG Q S, et al. High-entropy energy materials: challen-

ges and new opportunities[J/OL]. Energy & environmental science, 2021, 14: 2883[2024-08-26].https://doi.org/10.1039/d1ee00505g.

[19] YE Y F, WANG Q, LU J, et al. High-entropy alloy: challenges and prospects[J/OL]. Materials today, 2016, 19(6): 349-362[2024-08-27]. https://doi.org/10.1016/j.mattod.2015.11.026.

[20] YAO H W, QIAO J W, GAO M C, et al. NbTaV-(Ti, W)refractory high-entropy alloys: experiments and modeling[J/OL]. Materials science and engineering A, 2016, 674: 203-211[2024-08-28]. https://doi.org/10.1016/j.msea.2016.07.102.

[21] TAKEUCHI A, INOUE A. Classification of bulk metallic glasses by atomic size difference, heat of mixing and period of constituent elements and its application to characterization of the main alloying element[J/OL]. Materials transactions, 2005, 46(12): 2817-2829[2024-08-29]. https://doi.org/10.2320/matertrans.46.2817.

[22] YANG X, ZHANG Y. Prediction of high-entropy stabilized solid-solution in multi-component alloys[J/OL]. Materials chemistry and physics, 2012, 132 (2-3): 233-238[2024-08-29]. https://doi.org/10.1016/j.matchemphys.2011.11.021.

[23] GUO S, NG C, LU J, et al. Effect of valence electron concentration on stability of fcc or bcc phase in high entropy alloys[J/OL]. Journal of applied physics, 2011, 109(10): 103505[2024-08-30]. https://doi.org/10.1063/1.3587228.

[24] MIRACLE D B, SENKOV O N. A critical review of high entropy alloys and related concepts[J/OL]. Acta materialia, 2017, 122: 448-511[2024-09-01]. http://dx.doi.org/10.1016/j.actamat.2016.08.081.

[25] LIU J J, XU J, SLEIMAN S, et al. Microstructure and hydrogen storage properties of Ti-V-Cr based BCC-type high entropy alloys[J/OL]. Int J hydrogen energy, 2021, 46(56): 28709-28718[2024-09-01]. https://doi.org/10.1016/j.ijhydene.2021.06.137.

[26] CHENG B, LI Y K, LI X X, et al. Solid-state hydrogen storage properties of Ti-V-Nb-Cr high-entropy alloys and the associated effects of transitional metals(M=Mn, Fe, Ni)[J/OL]. Acta metallurgica sinica English letters, 2022[2024-09-01].https://doi.org/10.1007/s40195-022-01403-9.

[27] SONG G, DOLAN M D, KELLAM M E, et al. V-Ni-Ti multiphase alloy membranes for hydrogen purification [J/OL]. Journal of alloys and compounds, 2011, 509(38): 9322-9328[2024-09-01].https://doi.org/10.1016/j.jallcom.2011.07.020.

[28] ADAMS T M, MICKALONIS J. Hydrogen permeability of multiphase V-Ti-Ni metallic membranes [J/OL]. Materials letters, 2007, 61 (3): 817-820 [2024-09-02].https://doi.org/10.1016/j.matlet.2006.05.078.

[29] HASHI K, ISHIKAWA K, MATSUDA T, et al. Hydrogen permeation characteristics of(V, Ta)-Ti-Ni alloys[J/OL]. Journal of alloys and compounds, 2005, 404-406: 273-278[2024-09-03].https://doi.org/10.1016/j.jallcom.2005.02.085.

[30] TOWATA S I, NORITAKE T, ITOH A, et al. Effect of partial niobium and iron substitution on short-term cycle durability of hydrogen storage Ti-Cr-V alloys[J/OL]. International journal of hydrogen energy, 2013, 38: 3024-3029 [2024-09-04].https://doi.org/10.1016/j.ijhydene.2012.12.100.

[31] ZHANG B, LV Y Z, YUAN J G, et al.Effects of microstructure on the hydrogen storage properties of the melt-spun Mg-5Ni-3La(at.%) alloys[J/OL]. Journal of alloys and compounds, 2017, 702: 126-131 [2024-09-05]. https://doi.org/10.1016/j.jallcom.2017.01.221.

[32] WU Y, LOTOTSKYY M V, SOLBERG J K, et al.Effect of microstructure on the phase composition and hydrogen absorption-desorption behaviour of melt-spun Mg-20Ni-8Mm alloys[J/OL]. International journal of hydrogen energy, 2012, 37: 1495-1508 [2024-09-06]. https://doi.org/10.1016/j.ijhydene.2011.09.126.

[33] LIN H J, OUYANG L Z, WANG H, et al.Phase transition and hydrogen storage properties of melt-spun $Mg_3LaNi_{0.1}$ alloy[J/OL]. International journal of hydrogen energy, 2012, 37: 1145-1150[2024-09-06].https://doi.org/10.1016/j.ijhydene.2011.02.071.

[34] SONG M Y, KWON S N, BOBET J L, et al.Improvement of hydrogen storage characteristics of Mg by planetary ball milling under H_2 with metallic element(s) and/or Fe_2O_3[J/OL]. International journal of hydrogen energy, 2011, 36: 3521-3528[2024-09-06]. https://doi.org/10.1016/j.ijhydene.2010.12.059.

［35］　GENNARI F C, ESQUIVEL M R. Structural characterization and hydrogen sorption properties of nanocrystalline Mg_2Ni［J/OL］. Journal of alloys and compounds, 2008, 459: 425-432［2024-09-07］. https://doi.org/10.1016/j. jallcom.2007.04.283.

［36］　LI B, LI J D, ZHAO H J, et al. Mg-based metastable nano alloys for hydrogen storage［J/OL］. International journal of hydrogen energy, 2019, 44: 6007-6018［2024-09-07］. https://doi.org/10.1016/j.ijhydene.2019. 01.127.

［37］　OUYANG L Z, LIU F, WANG H, et al. Magnesium-based hydrogen storage compounds: a review［J/OL］. Journal of alloys and compounds, 2020, 832: 154865［2024-09-08］. https://doi.org/10.1016/j.jallcom.2020.154865.

［38］　YU X B, YANG Z X, FENG S L, et al. Influence of Fe addition on hydrogen storage characteristics of Ti-V-based alloy［J/OL］. International journal of hydrogen energy, 2006, 31: 1176-1181［2024-09-09］. https://doi.org/10. 1016/j.ijhydene.2005.09.008.

［39］　YAN Y G, CHEN Y G, LIANG H, et al. The effect of Si on $V_{30}Ti_{35}Cr_{25}Fe_{10}$ BCC hydrogen storage alloy［J/OL］. Journal of alloys and compounds, 2007, 441: 297-300［2024-09-10］. https://doi.org/10.1016/j.jallcom.2006. 09.096.

［40］　LIANG H, CHEN Y G, YAN Y G, et al. Influence of Ni or Mn on hydrogen absorption-desorption performance of V-Ti-Cr-Fe alloys［J/OL］. Materials science and engineering A, 2007, 45: 204-208［2024-09-10］. https://doi. org/10.1016/j.msea.2007.01.030.

［41］　YAN Y G, CHEN Y G, LIANG H, et al. Effect of Ce on the structure and hydrogen storage properties of $V_{55}Ti_{22.5}Cr_{16.1}Fe_{6.4}$［J/OL］. Journal of alloys and compounds, 2007, 429: 301-305［2024-09-11］. https://doi.org/10. 1016/j.jallcom.2006.04.057.

［42］　ZHU J B, MA L Q, LIANG F, et al. Effect of Sc substitution on hydrogen storage properties of Ti-V-Cr-Mn alloys［J/OL］. International journal of hydrogen energy, 2015, 40: 6860-6865［2024-09-11］. https://doi.org/10. 1016/j.ijhydene.2015.03.149.

［43］　MARTIN M, GOMMEL C, BORKHART C, et al. Absorption and desorption kinetics of hydrogen storage alloys［J/OL］. Journal of alloys and compounds,

1996，238：193-201［2024-09-12］.https：//doi. org/10. 1016/0925-8388
（96）02217-7.

［44］ LI Q，CHOU K C，LIN Q，et al. Hydrogen absorption and desorption kinetics of Ag-Mg-Ni alloys［J/OL］. International journal of hydrogen energy，2004，29：843-849［2024-09-13］.https：//doi.org/10.1016/j.ijhydene.2003. 10.002.

［45］ PEI P，SONG X P，LIU J，et al. The effect of rapid solidification on the microstructure and hydrogen storage properties of $V_{35}Ti_{25}Cr_{40}$ hydrogen storage alloy［J/OL］. International journal of hydrogen energy，2009，34：8094-8100［2024-09-14］.https：//doi.org/10.1016/j.ijhydene.2009.08.023.

［46］ STROZI R B，LEIVA D R，HUOT J，et al. An approach to design single BCC Mg-containing high entropy alloys for hydrogen storage applications［J/OL］. International journal of hydrogen energy，2021，46：25555-25561［2024-09-15］.https：//doi.org/10.1016/j.ijhydene.2021.05.087.

［47］ KARLSSON D，EK G，CEDERVALL J，et al. Structure and hydrogenation properties of a HfNbTiVZr high-entropy alloy［J/OL］. Inorganic chemistry，2018，57：2103-2110［2024-09-16］. https：//doi. org/10. 1021/acs. inorgchem.7b03004.

［48］ KUNCE I，POLANSKI M，BYSTRZYCKI J.Microstructure and hydrogen storage properties of a TiZrNbMoV high entropy alloy synthesized using laser engineered net shaping（LENS）［J/OL］. International journal of hydrogen energy，2014，39（19）：9904-9910［2024-09-16］.https：//doi.org/10.1016/j. ijhydene.2014.02.067.

［49］ ZEPON G，LEIVA D R，STROZI R B，et al. Hydrogen-induced phase transition of $MgZrTiFe_{0.5}Co_{0.5}Ni_{0.5}$ high entropy alloy［J/OL］. International journal of hydrogen energy，2018，43（3）：1702-1708［2024-09-17］.https：//doi. org/10.1016/j.ijhydene.2017.11.106.

［50］ DEWANGAN S K，SHARMA V K，SAHU P，et al. Synthesis and characterization of hydrogenated novel AlCrFeMnNiW high entropy alloy［J/OL］. International journal of hydrogen energy，2020，45（34）：16984-16991［2024-09-18］.https：//doi.org/10.1016/j.ijhydene.2019.08.113.

［51］ MONTERO J，EK G，SAHLBERG M，et al. Improving the hydrogen cycling properties by Mg addition in Ti-V-Zr-Nb refractory high entropy alloy［J/OL］.

Scripta materialia，2021，194：113699［2024-09-19］.https://doi. org/10. 1016/j.scriptamat.2020.113699.

［52］ SHEN H，ZHANG J，HU J，et al. A novel TiZrHfMoNb high-entropy alloy for solar thermal energy storage［J/OL］. Nanomaterials，2019，9（2）：248 ［2024-09-20］. https://doi.org/10.3390/nano9020248.

［53］ HU J，SHEN H，JIANG M，et al. A DFT study of hydrogen storage in high-entropy alloy TiZrHfScMo［J/OL］. Nanomaterials，2019，9（3）：461［2024-09-21］.https://doi.org/10.3390/nano9030461.

［54］ PERRI L，MØLLER K T，JENSEN T R，et al. Hydrogen sorption in TiZrNb-HfTa high entropy alloy［J/OL］. Journal of alloys and compounds，2019，775：667-674［2024-09-21］. https://doi. org/10. 1016/j. jallcom. 2018. 10.108.

［55］ KAO Y F，CHEN S K，SHEU J H，et al. Hydrogen storage properties of multi-principal-component CoFeMnTi$_x$V$_y$Zr$_z$ alloys［J/OL］. International journal of hydrogen energy，2010，35（17）：9046-9059［2024-09-22］.https://doi.org/10.1016/j.ijhydene.2010.06.012.

［56］ CHEN S K，LEE P H，LEE H，et al. Hydrogen storage of C14-Cr$_u$Fe$_v$Mn$_w$Ti$_x$V$_y$Zr$_z$ alloys［J/OL］. Materials chemistry and physics，2018，210：336-347［2024-09-23］. http://dx. doi. org/10. 1016/j. matchemphys. 2017. 08.008.

［57］ EDALATI P，FLORIANO R，MOHAMMADI A，et al. Reversible room temperature hydrogen storage in high-entropy alloy TiZrCrMnFeNi［J/OL］. Scripta materialia，2020，178：387-390［2024-09-24］.https://doi.org/10. 1016/j.scriptamat.2019.12.009.

［58］ KUNCE I，POLANSKI M，BYSTRZYCKI J. Structure and hydrogen storage properties of a high entropy ZrTiVCrFeNi alloy synthesized using Laser Engineered Net Shaping（LENS）［J/OL］. Int J hydrogen energy，2013，38（27）：12180-12189［2024-09-25］. https://doi. org/10. 1016/j. ijhydene. 2013. 05.071.

［59］ ZADOROZHNYY V，SARAC B，BERDONOSOVA E，et al.Evaluation of hydrogen storage performance of ZrTiVNiCrFe in electrochemical and gas-solid reactions［J/OL］. International journal of hydrogen energy，2020，45（8）：5347-5355［2024-09-26］.https://doi.org/10.1016/j.ijhydene.2019.06.157.

［60］ KUNCE I, POLAŃSKI M, CZUJKO T.Microstructures and hydrogen storage properties of LaNiFeVMn alloys［J/OL］. International journal of hydrogen energy, 2017, 42(44)：27154-27164［2024-09-27］.https：//doi.org/10.1016/j.ijhydene.2017.09.039.

［61］ YANG S, YANG F, WU C, et al. Hydrogen storage and cyclic properties of (VFe)$_{60}$(TiCrCo)$_{40-x}$Zr$_x$(0 ≤ x ≤ 2) alloys［J/OL］. Journal of alloys and compounds, 2016, 663：460-465［2024-09-28］.https：//doi.org/10.1016/j.jallcom.2015.12.125.

［62］ KUMAR A, YADAV T P, MUKHOPADHYAY N K. Notable hydrogen storage in Ti-Zr-V-Cr-Ni high entropy alloy［J/OL］. International journal of hydrogen energy, 2022, 47(54)：22893-22900［2024-09-29］.https：//doi.org/10.1016/j.ijhydene.2022.05.107.

［63］ CHEN J T, LI Z Y, HUANG H X, et al.Superior cycle life of TiZrFeMnCrV high entropy alloy for hydrogen storage［J/OL］. Scripta materialia, 2022, 212：114548［2024-09-29］. https：//doi. org/10. 1016/j. scriptamat.2022.114548.

［64］ MA X F, DING X, CHEN R R, et al. Study on hydrogen storage property of (ZrTiVFe)$_x$Al$_y$ high-entropy alloys by modifying Al content［J/OL］. International journal of hydrogen energy, 2022, 47(13)：8409-8418［2024-10-01］. https：//doi.org/10.1016/j.ijhydene.2021.12.172.

［65］ PENG Z Y, LI Q, OUYANG L Z, et al. Overview of hydrogen compression materials based on a three-stage metal hydride hydrogen compressor［J/OL］. Journal of alloys and compounds, 2022, 895：162465［2024-10-01］. https：//doi.org/10.1016/j.jallcom.2021.162465.

［66］ YUKAWA H, TESHIMA A, YAMASHITA D, et al.Alloying effects on the hydriding properties of vanadium at low hydrogen pressures［J/OL］. Journal of alloys and compounds, 2002, 337(1/2)：264-268［2024-10-02］.https：//doi.org/10.1016/S0925-8388(01)01936-3.

［67］ CZICHOS H, SAITO T, SMITH L E. Springer handbook of metrology and testing［M］. Berlin, Heidelberg：Springer-Verlag, 2011.

［68］ POPILEVSKY L, SKRIPNYUK V M, BEREGOVSKY M, et al. Hydrogen storage and thermal transport properties of pelletized porous Mg-2wt.% multi-wall carbon nanotubes and Mg-2wt.% graphite composites［J/OL］. International journal of hydrogen energy，2016，41（32）：14461-14474［2024-10-03］.https：//doi.org/10.1016/j.ijhydene.2016.03.014.

［69］　MIN S, BLUMM J, LINDEMANN A. A new laser flash system for measurement of the thermophysical properties［J/OL］. Thermochimica acta, 2007, 455（1-2）：46-49［2024-10-03］. https：//doi. org/10. 1016/j. tca. 2006. 11.026.

［70］　JUNG W D, SCHMIDT F A, DANIELSON G C. Thermal conductivity of high-purity vanadium［J/OL］. Physical review B, 1977, 15：659-665［2024-10-04］.https：//doi.org/10.1103/PhysRevB.15.659.

［71］　KLEMENS P G, WILLIAMS R K. Thermal conductivity of metals and alloys ［J/OL］. International metals reviews, 1986, 31：197-215［2024-10-05］.https：//doi.org/10.1179/imtr.1986.31.1.197.

第 5 章

高熵驱动 $V_{35}Ti_{35}Cr_{10}Fe_{20-x}Mn_x$ 合金室温下储氢及热物理性能

随着社会的不断发展，各行业对能源的需求与日俱增。传统能源主要来自化石燃料，其在开采和燃烧过程中会对环境造成负面影响，因此是造成温室效应的最重要因素之一[1]。氢气作为一种清洁、高效的能源载体，具有能量密度高（120~142 MJ/kg）、丰富、燃烧过程无污染等优点。因此，人们一直在寻求与氢有关的技术，以应对各种挑战，其中包括氢的高效储存。固态储氢主要基于金属氢化物，如 $TiMn^{[2]}$、Mg 基[3]、$TiFe^{[4]}$、V 基[5]和 Zr 基氢化物[6]。它们各有优势，但都存在共同的问题，这些问题是目前金属氢化物固态储氢工业发展的瓶颈[7]。

Yeh 等人[8]在多主要元素合金的基础上提出了高熵合金的概念。元素之间的协同效应使高熵合金具有独特的性能，包括高强度/硬度、优异的耐磨性、良好的结构稳定性以及良好的耐腐蚀性和抗氧化性。由于高熵合金在多个材料领域发挥着重要作用，因此这些特性不断引起研究人员的关注[8-10]。更有趣的是，多主族元素合金中的高混合熵可显著降低整个合金体系的自由能，从而有利于形成稳定的固溶相，如体心立方（BCC）、面心立方（FCC）和六方紧密堆积（HCP）晶格。高熵合金具有广泛的成分设计空间，其维持高晶格畸变的能力可形成许多有利于氢吸收的位点，从而有可能消除阻碍，将金属氢化物用于打破固态储氢的瓶颈。

2010 年，Kao 等人[11]首次研究了作为储氢材料的高熵合金，并报告了质量分数为 1.82% 的储氢能力。此后，研究人员对不同的氢乙醇胺进行了储氢探索[12-15]。Zlotea 等人[16]研究了成分对一系列耐火高熵合金[$Ti_{0.30}V_{0.25}Zr_{0.10}Nb_{0.25}$ $M_{0.10}$（M = Mg，Al，Cr，Mn，Fe，Co，Ni，Cu，Zn，Mo，Ta）]储氢性能的影响，并全面评估了添加10%的 M 对 Ti-V-Zr-Nb 高熵合金储氢性能的影响。这些研究结果表明，高熵合金在储氢领域具有巨大的应用潜力。但它也存在一些缺点，如活化困难、储氢能力低、储氢所需的温度相对较高、循环稳定性差等[17-23]。因此，需要进一步开发性能更好的储氢高熵合金。

在第 4 章研究中发现，V-Ti-Cr-Fe-Mn 合金具有高容量和良好的动力学特性，其储氢性能非常值得期待[24]。在本研究中，著者通过改变铁原子和锰原子的相对比例来进一步研究这种合金，因为锰的原子半径较大，因此 BCC 相晶格常数较大，提高了储氢能力。此外，锰的价格非常便宜，而且其原子质量小于铁。在这项研究中，著者采用真空电弧熔炼法制备了 $V_{35}Ti_{35}Cr_{10}Fe_{20-x}Mn_x$（$x=$ 6，8，10，12，14）高熵合金，并研究了它们的微观结构、储氢性能、循环特性和导热性能，从而为开发能在室温下高效吸氢的储氢合金提供了新的参考。

5.1　合金的微观结构

高熵合金的相结构对其性能有非常重要的影响，因此，相预测有助于设计满足特定要求的高熵合金[25-27]。

表 5.1 列出了本研究中预测参数所需的值，表 5.2 列出了计算得出的参数值。

表 5.1　用于计算 V-Ti-Cr-Fe-Mn 合金的 Ω、δ 和 VEC 的数据[28-29]

| 元素 i | r/pm | ΔH_{mix}/（kJ·mol^{-1}） | | | | | T_m/K | VEC_i |
		V	Ti	Cr	Fe	Mn		
V	131.60	—	−2	−2	−7	−1	2183	5
Ti	146.15	−2	—	−7	−17	−8	1941	4
Cr	124.91	−2	−7	—	−1	2	2180	6
Fe	124.12	−7	−17	−1	—	0	1811	8
Mn	135.00	−1	−8	2	0	—	1519	7

表 5.2　选定成分的计算参数

合金	ΔS_{mix}/（J·mol^{-1}·K^{-1}）	ΔH_{mix}/（kJ·mol^{-1}）	Ω	δ/%	VEC
$V_{35}Ti_{35}Cr_{10}Fe_{14}Mn_6$	11.72	−7.708	3.03	6.376	5.29
$V_{35}Ti_{35}Cr_{10}Fe_{12}Mn_8$	11.82	−7.264	3.25	6.258	5.27
$V_{35}Ti_{35}Cr_{10}Fe_{10}Mn_{10}$	11.85	−6.820	3.46	6.134	5.25
$V_{35}Ti_{35}Cr_{10}Fe_8Mn_{12}$	11.82	−6.376	3.69	6.004	5.23
$V_{35}Ti_{35}Cr_{10}Fe_6Mn_{14}$	11.72	−5.932	3.94	5.868	5.21

根据表 5.2，所设计成分的合金理论上会形成 BCC 相固溶体高熵合金，从而确保高效吸氢。

图 5.1（a）显示了铸态 $V_{35}Ti_{35}Cr_{10}Fe_{20-x}Mn_x$（$x=$6，8，10，12，14）高熵合金的 XRD 图谱，其中样品分别标记为 HEA-6、HEA-8、HEA-10、HEA-12 和

HEA-14。对 XRD 图谱的分析结果表明，所有合金的主相都是 BCC 固溶相，这与第 2.1 节中的相预测一致，表明综合考虑 Ω、δ、VEC 可以有效预测合金的相。第二相（C14 Laves 相）的含量随着合金中锰含量的增加而减少。图 5.1（b）显示了 BCC 相（011）主峰的放大图，随着合金中 Mn 含量的增加，主峰逐渐向左移动，表明晶格常数逐渐增加。为了获得更详细的微观结构信息，对五种合金的 XRD 图谱进行精修计算，如图 5.1（c）至（g）所示，表 5.3 列出了精修计算的结果。从图 5.1（h）中合金的晶格常数与锰含量的关系可以看出，随着 Mn/Fe 的增大，BCC 主相的晶格常数略有线性增加。BCC 结构的相丰度随 Mn 含量的增加而增加，这符合 Vegard 定律[30]。对于 HEA-10，使用 Scherrer 方程[31]估计其晶粒尺寸大约为 20 nm。图 5.1（i）显示了铸态 $V_{35}Ti_{35}Cr_{10}Fe_{20-x}Mn_x$（$x=6$, 8, 10, 12, 14）高熵合金的背散射电子（BSE）图像，其中两个具有不同衬里的区域代表两个不同的相。锰含量的增加导致第二相逐渐减少，这与 XRD 结果一致，并且与铁主要分布在 C14 Laves 相中并在其晶格变化中起主导作用这一事实有关[32]。

表 5.3　$V_{35}Ti_{35}Cr_{10}Fe_{20-x}M_{nx}$ 合金 XRD 图谱的精修数据

样品	相	空间群	晶格常数		丰度（质量分数）		S
			$0.1a/nm$	$0.1c/nm$	$/\%$	$R_{wp}/\%$	
$x=6$	BCC	Im-3m(229)	3.039(1)	—	89	4.07	1.21
	C14	P63/mm(194)	4.831(3)	8.074	11		
$x=8$	BCC	Im-3m(229)	3.041(1)	—	90	4.21	1.31
	C14	P63/mmc(194)	4.919(2)	8.023	10		
$x=10$	BCC	Im-3m(229)	3.042(4)	—	91	5.32	1.52
	C14	P63/mmc(194)	4.904(3)	8.005	9		
$x=12$	BCC	Im-3m(229)	3.044(1)	—	97	5.03	1.32
	C14	P63/mmc(194)	4.749(2)	7.991	3		
$x=14$	BCC	Im-3m(229)	3.046(2)	—	99	6.44	1.72
	C14	P63/mmc(194)	4.843(4)	8.061	1		

　　为进一步研究合金的微观结构，对代表性合金 $V_{35}Ti_{35}Cr_{10}Fe_{10}Mn_{10}$ 进行了 TEM 分析，如图 5.1（k）至（m）所示。图 5.1（j）显示合金的成分是均匀的。图 5.1（m）中的暗场相显示出明显的纳米晶结构，晶粒大小估计在 10~30 nm 之间，这与使用舍勒方程估计的晶粒大小一致。图 5.1（k）显示的 SAED 衍射图与具有不同取向的多个晶体的粉末衍射环形图相对应，结合图 5.1（l）中的 HRTEM 显微照片进行分析，表明合金中存在 BCC 纳米晶相。其中的条纹间距为 0.217nm，与 BCC 相的（0 1 1）平面相对应。

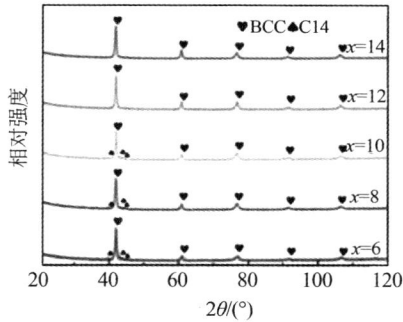

（a）$2\theta=20°\sim120°$

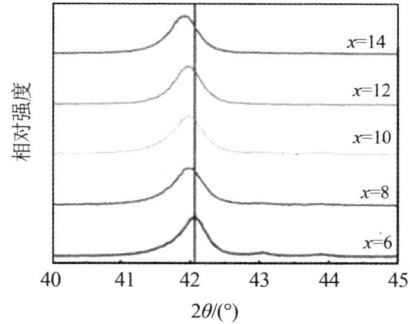

（b）$2\theta=20°\sim120°$

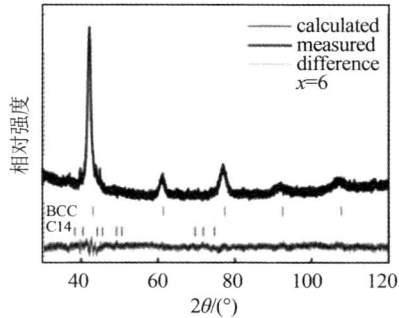

（c）XRD图谱的拟合

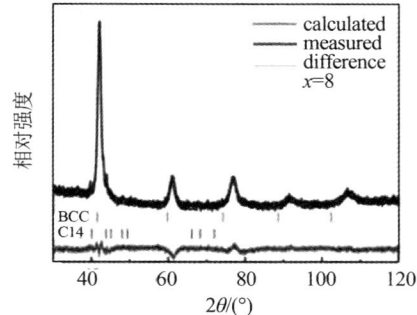

（d）XRD图谱的拟合

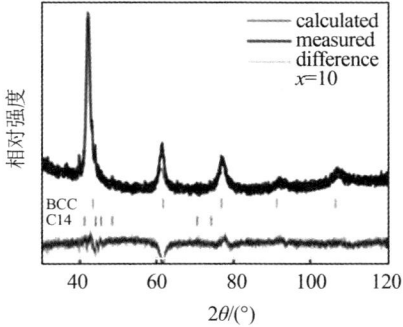

（e）XRD图谱的拟合

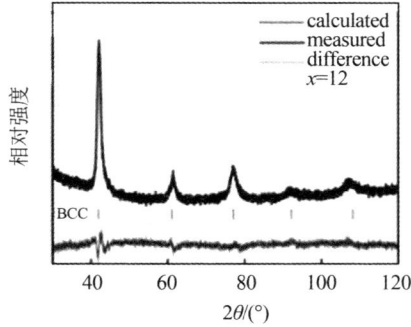

（f）XRD图谱的拟合

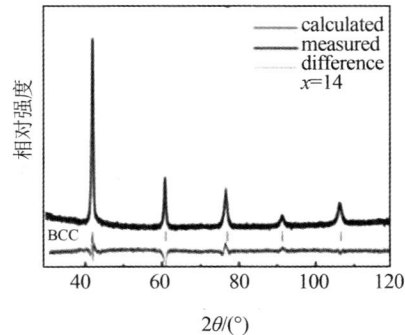

（g）XRD图谱的拟合

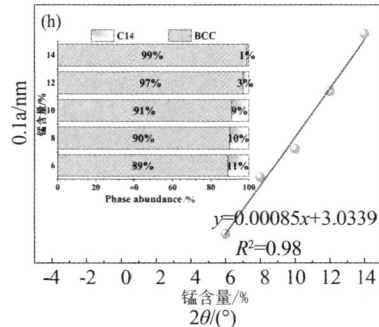

（h）BCC晶格常数与锰含量的关系

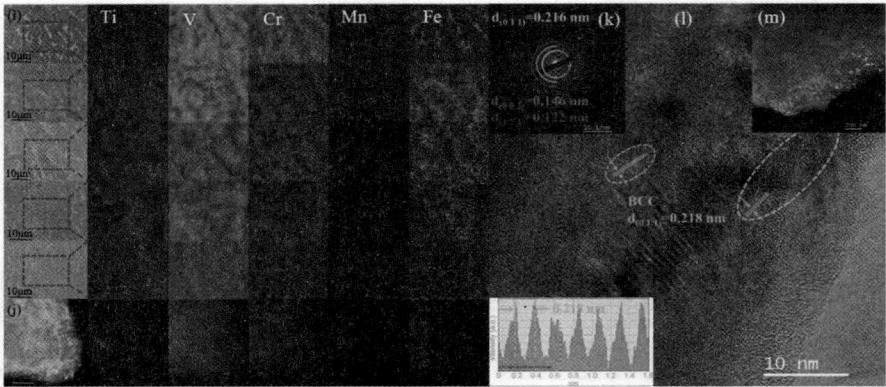

图 5.1　$V_{35}Ti_{35}Cr_{10}Fe_{20-x}Mn_x(x= 6, 8, 10, 12, 14)$合金的 XRD 图样

注:(i)HEA-10 合金的 BSE 显微照片和 EDS 元素分析;(j)SEM 图像;(k)SAED 衍射图样;(l)HR-TEM 图像;(m)TEM 暗场图像。

5.2　合金吸放氢动力学

　　五种高熵合金的活化过程和吸氢动力学分别如图 5.2(a)至(e)所示。V_{35} $Ti_{35}Cr_{10}Fe_{20-x}Mn_x(x= 6, 8, 10, 12, 14)$合金破碎成粉末后直接进入样品室在 298 K 氢压 5 MPa 下活化。在第二次吸氢过程中,所有合金都被完全活化,并表现出优异的活化性能,这主要是因为其纳米结构中的高密度晶体界面为氢扩散提供了更多的通道[33]。随着 Mn 原子逐渐被 Fe 原子取代,合金的 BCC 相含量、晶格常数和最大吸氢量逐渐增加,如图 5.2(f)所示,HEA-14 的最大吸氢量为 3.79%(质量分数),高于目前报道的任何一种储氢高熵合金的吸氢量。这表明它具有高丰度的吸氢主相和较大的晶格常数,从而提供了较大的间隙位点,这两个因素都有利于吸氢[34-35]。此外,$V_{35}Ti_{35}Cr_{10}Fe_{20-x}Mn_x(x= 6, 8, 10, 12, 14)$合金在大约 80 s 时就达到了 90% 的饱和吸氢率($t_{0.9}$),这主要是因为纳米晶提供了更多的晶界,从而实现了快速动力学行为。

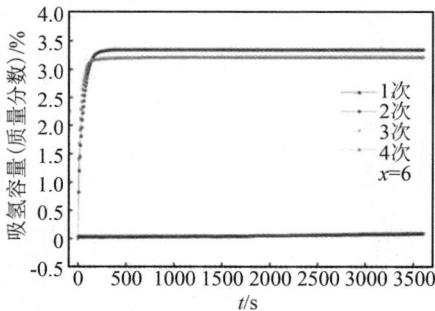

(a)　$V_{35}Ti_{35}Cr_{10}Fe_{20-x}Mn_x$($x=6, 8, 10, 12, 14$)
合金的氢化动力学曲线

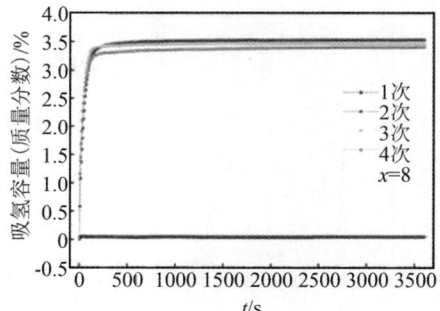

(b)　$V_{35}Ti_{35}Cr_{10}Fe_{20-x}Mn_x$($x=6, 8, 10, 12, 14$)
合金的氢化动力学曲线

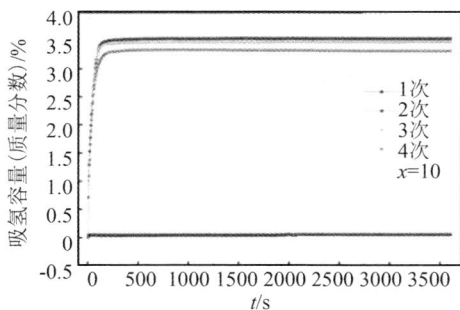

（c）$V_{35}Ti_{35}Cr_{10}Fe_{20-x}Mn_x$（$x$=6, 8, 10, 12, 14）
合金的氢化动力学曲线）

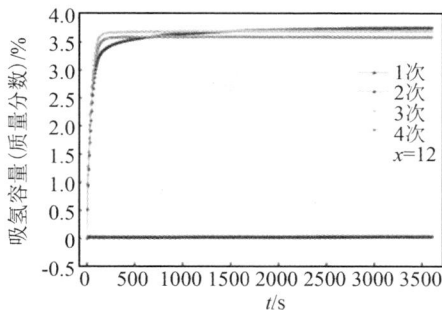

（d）$V_{35}Ti_{35}Cr_{10}Fe_{20-x}Mn_x$（$x$=6, 8, 10, 12, 14）
合金的氢化动力学曲线）

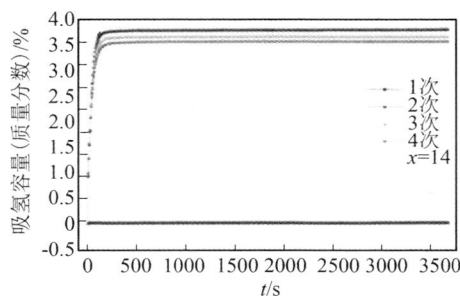

（e）$V_{35}Ti_{35}Cr_{10}Fe_{20-x}Mn_x$（$x$=6, 8, 10, 12, 14）
合金的氢化动力学曲线）

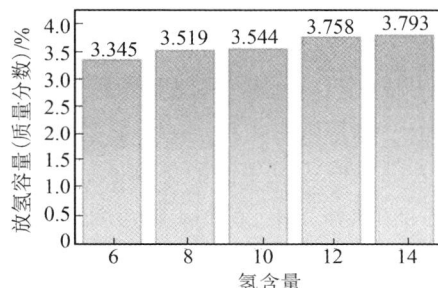

（f）最大吸氢容量与
锰含量之间的关系

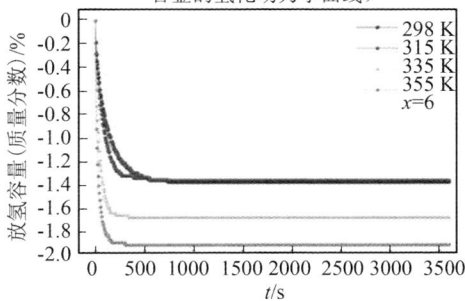

（g）$V_{35}Ti_{35}Cr_{10}Fe_{20-x}Mn_x$（$x$=6, 8, 10, 12, 14）
合金的脱氢动力学曲线

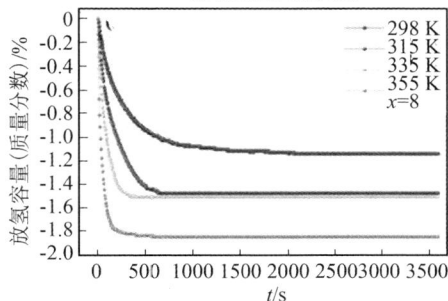

（h）$V_{35}Ti_{35}Cr_{10}Fe_{20-x}Mn_x$（$x$=6, 8, 10, 12, 14）
合金的脱氢动力学曲线

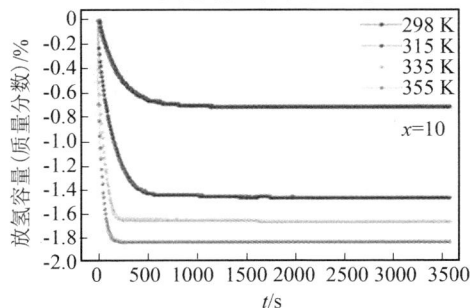

（i）$V_{35}Ti_{35}Cr_{10}Fe_{20-x}Mn_x$（$x$=6, 8, 10, 12, 14）
合金的脱氢动力学曲线

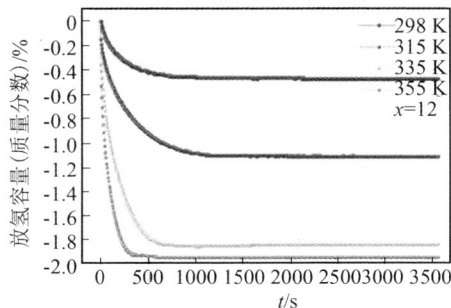

（j）$V_{35}Ti_{35}Cr_{10}Fe_{20-x}Mn_x$（$x$=6, 8, 10, 12, 14）
合金的脱氢动力学曲线

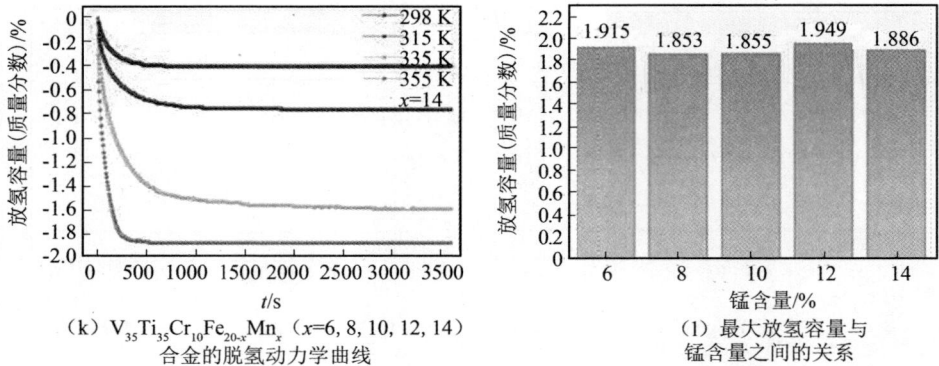

（k）$V_{35}Ti_{35}Cr_{10}Fe_{20-x}Mn_x$（$x=6, 8, 10, 12, 14$）
合金的脱氢动力学曲线

（1）最大放氢容量与
锰含量之间的关系

图 5.2　合金的放氢性能

　　氢饱和后五种合金的 XRD 图谱[图 5.3（a）]显示存在三种相（BCC、FCC 和 C14）。这是由于 C14 Laves 相在吸氢后没有发生相变[22, 36-37]，而氢原子在进入 BCC 结构时占据了四面体和八面体间隙，然后转变为 FCC 结构[15, 38-40]。

　　VEC 和 δ 不仅对预测高熵合金的相位非常重要，而且在评估储氢性能方面也起着关键作用。Nygård 等人[41]的研究结果表明，当 $VEC>5.17$ 时，储氢能力随着 VEC 的增加而降低，如 $V_{35}Ti_{35}Cr_{10}Fe_{20-x}Mn_x$（$x=6, 8, 10, 12, 14$）合金的最大饱和吸氢量与 δ 和 VEC 的关系如图 5.3（b）所示。VEC 对吸氢的影响可归因于 VEC 越高，合金内部原子间的结合力越强，这可能会削弱合金与氢之间的相互作用力，从而导致氢吸附能力减弱。较高的 VEC 会导致晶格收缩，从而阻碍氢原子向晶体内扩散，导致储氢能力减弱。小的 δ 有助于增加合金的密度，从而为氢原子提供更多的储存位置。总之，VEC 和 δ 对合金的储氢能力有重要影响，较低的 VEC 和较小的 δ 都有利于提高吸氢能力。

　　著者计算了 $V_{35}Ti_{35}Cr_{10}Fe_{20-x}Mn_x$（$x=6, 8, 10, 12, 14$）合金的氢吸收能，并使用 DFT 模拟了合金的热稳定性。氢原子位于晶格的四面体或八面体间隙中。如图 5.3（c）所示，经过完全结构弛豫后发现，氢原子在合金中的位置偏好与纯 BCC 过渡金属（如 V、Nb 和 Mo）相同，T 位置对氢原子更有利。氢原子占据 T 位置的 $V_{35}Ti_{35}Cr_{10}Fe_{20-x}Mn_x$（$x=6, 8, 10, 12, 14$）合金的吸氢能如图 5.3（d）所示。吸氢能量越低、晶胞体积越大，合金在热力学上就越有利于吸氢。因此，如图 5.2（h）所示，HEA-14 的储氢容量最高。

（a）$V_{35}Ti_{35}Cr_{10}Fe_{20-x}Mn_x$（$x=6, 8, 10, 12, 14$）
合金氢化 XRD 图谱

（b）δ、VEC和最大氢吸收之间的关系图

（c）$V_{35}Ti_{35}Cr_{10}Fe_{20-x}Mn_x$合金的一个 BCC 模型示意图
（使用 VESTA 软件显示）

（d）通过 DFT 计算得出的氢吸收能量

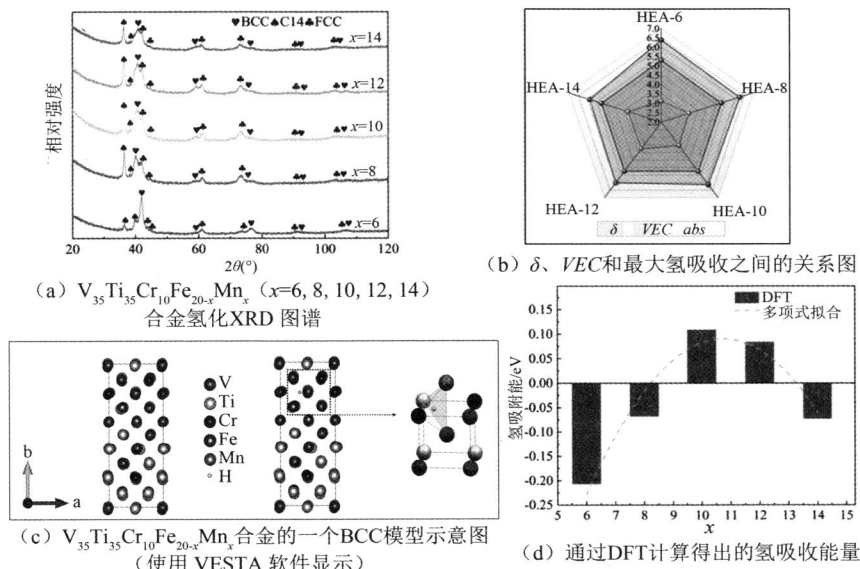

图 5.3　合金的微观结构、性能及理论计算

在 298 K 饱和吸氢后，在 298、315、335 和 355 K 测试了 $V_{35}Ti_{35}Cr_{10}Fe_{20-x}$ Mn_x（$x=6$，8，10，12，14）合金的放氢动力学，如图 5.2（g）至（k）所示，证明合金在不同温度下的释氢性能完全不同。在 298 K 时，五种合金的放氢容量顺序为 HEA-6>HEA-8>HEA-10>HEA-12>HEA-14，放氢动力学依次为 HEA-6>HEA-14>HEA-10>HEA-12>HEA-8。在 315 K 时，放氢容量的顺序为 HEA-12>HEA-10>HEA-6>HEA-14>HEA-8，放氢动力学的顺序为 HEA-6>HEA-10>HEA-8>HEA-12>HEA-14。如图 5.2（l）所示，在 355 K 时，放氢动力学的顺序也是如此，HEA-12（1.95%）的氢释放能力最大，放氢动力学顺序为 HEA-6>HEA-10>HEA-8>HEA-14>HEA-12。有趣的是，HEA-6 在四个温度下都表现出优异的放氢动力学，这是因为它具有较小的晶格常数。不同的放氢性能与热力学和微观结构密切相关，下文将对此进行详细讨论[42-43]。

5.3　合金热力学性能

如图 5.4（a）至（e）所示，使用温度为 298、315、335 和 355 K 的 PCT 曲线研究了这五种合金的储氢特性。在吸氢过程中观察到三个主要区域：第一个是低氢含量时，压力急剧上升；第二个是高原区；第三个是随着氢含量的增加，压力再次急剧上升。对于每种合金而言，随着温度的升高，高原区的压力逐渐增大，而高原区则缩短，这导致合金的吸氢能力随温度升高而降低[44-45]。此外，滞后随温度升高而减小，这可能是热激活应力松弛过程的结果。滞后是衡量吸

氢/脱氢循环过程中能量损失的一个指标，它源于金属氢化物的转变，这种转变导致应变和内部缺陷的产生，如位错、堆叠和层状断层。因此，温度升高可提高有效释氢量[43]。在 355 K 和 0.1 MPa 条件下，$V_{35}Ti_{35}Cr_{10}Fe_{20-x}Mn_x$（$x = 6$，8，10，12，14）合金的有效可逆储氢量分别为 1.67%、1.82%、1.77%、1.93% 和 1.76%（质量分数），这与上述氢释放动力学性能规律一致。为了进一步研究 $V_{35}Ti_{35}Cr_{10}Fe_{20-x}Mn_x$（$x = 6$，8，10，12，14）合金在室温下释氢量逐渐减少的原因，著者比较了它们在 298 K 下的 PCT 曲线，结果表明，随着锰含量的增加，它们在释放氢气时的高原区压力逐渐降低。因此，要达到与 HEA-6 相同的氢释放量，其他四种合金所需的压力较低。还可以观察到，在相同温度下，随着锰原子比例的增加，高原区斜率逐渐增大。如图 5.4(f)所示，与本研究中的合金相比，纯钒的吸氢 PCT 曲线表现出明显的高原区。因此，高原斜率的逐渐增大是由于局部化学势差的逐渐增大。对于所有温度下的五种合金，都没有观察到完全的氢解吸现象，这不仅与热力学性质有关，还与强吸氢元素（Ti、V）的存在有关，这些元素与氢的结合能更强，因此需要更多的能量才能实现完全解吸[22, 46]。

为了进一步分析锰含量对合金热力学性质的影响，著者利用 Van't Hoff 方程和以下表达式计算了吸放氢过程中的熵（ΔS）和焓（ΔH）变化：

$$\ln \frac{P_{eq}}{P_0} = \frac{\Delta H}{RT} - \frac{\Delta S}{R} \tag{5.1}$$

式中，P_{eq} 表示高原压力；P_0 为标准大气压；T 为温度。Van't Hoff 图[图 5.4(g)至(k)]清楚地表明，随着 Mn/Fe 的增加，ΔH 的绝对值逐渐增大。这是由于 BCC 晶格常数相应地逐渐增大，因此氢原子在形成氢化物后更加稳定[4-5]，这也解释了为什么 HEA-14 在室温下的氢释放量最低。

为了深入了解合金在氢吸收过程中的相变，我们对不同氢吸收阶段的 HEA-10 进行了 XRD 分析。图 5.4(1)中显示了原始样品和吸氢 25%、50%、75% 和 100% 后的 XRD 图样。在氢化过程中，氢原子逐渐扩散到合金晶体结构中，并吸附在晶格空位或其他合适的位置上。在氢吸收率为 25% 和 50% 时，合金保持了 BCC 结构，但 BCC(0 1 1)平面峰的位置发生了显著偏移，表明晶格发生了变形。在 298 K 时，单相吸收间隔范围 H/M 从 0.5~1.0，其中峰值与 BCC(0 1 1)面相对应。随着合金不断吸收氢气，部分假 BCC 相逐渐转变为 FCC 相，当吸氢量达到 75% 时，两种结构（假 BCC+FCC）共存，而合金完全氢化后，氢化物相为 FCC。完全氢化后仍然存在的少量假 BCC 相可能是由于完全氢化的样品从样品室转移到用于 XRD 测量的样品室时在空气中发生了部分分解[24]。

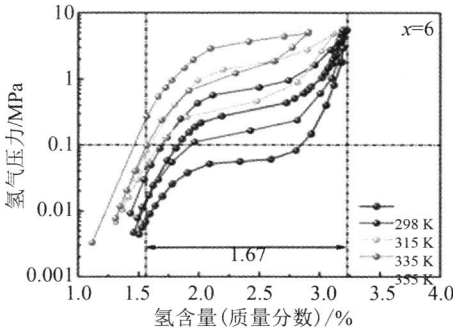

（a）V$_{35}$Ti$_{35}$Cr$_{10}$Fe$_{20-x}$Mn$_x$（x=6, 8, 10, 12, 14）
合金的PCT曲线

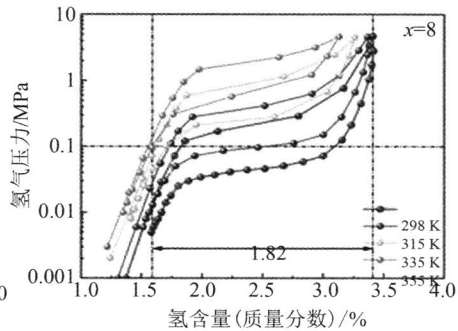

（b）V$_{35}$Ti$_{35}$Cr$_{10}$Fe$_{20-x}$Mn$_x$（x=6, 8, 10, 12, 14）
合金的PCT曲线

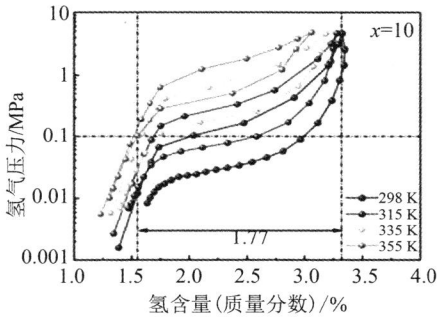

（c）V$_{35}$Ti$_{35}$Cr$_{10}$Fe$_{20-x}$Mn$_x$（x=6, 8, 10, 12, 14）
合金的PCT曲线

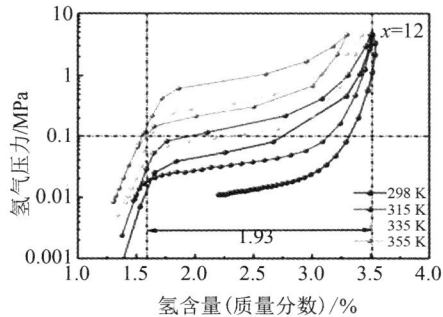

（d）V$_{35}$Ti$_{35}$Cr$_{10}$Fe$_{20-x}$Mn$_x$（x=6, 8, 10, 12, 14）
合金的PCT曲线

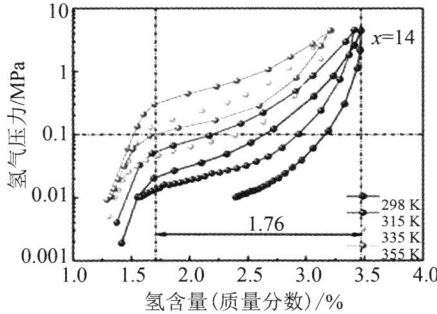

（e）V$_{35}$Ti$_{35}$Cr$_{10}$Fe$_{20-x}$Mn$_x$（x=6, 8, 10, 12, 14）
合金的PCT曲线

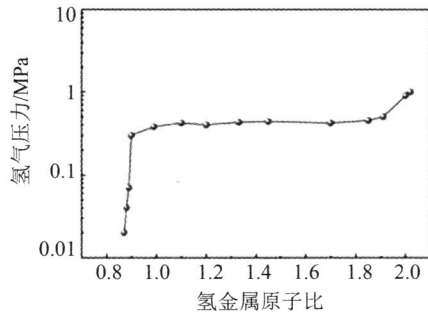

（f）V—H系统在40 ℃下的解吸PCT曲线，
根据参考文献重绘[47]

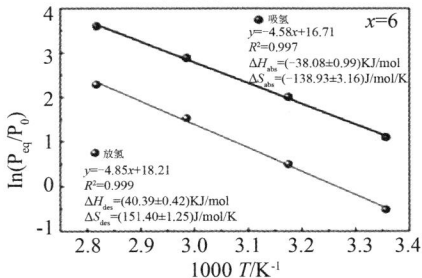

（g）V$_{35}$Ti$_{35}$Cr$_{10}$Fe$_{20-x}$Mn$_x$（x=6, 8, 10, 12, 14）
合金的Van't Hoff 图

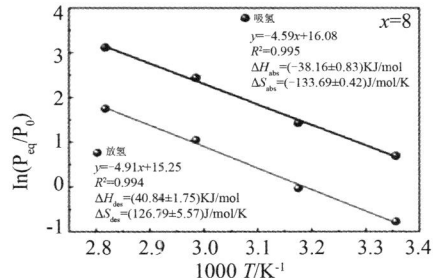

（h）V$_{35}$Ti$_{35}$Cr$_{10}$Fe$_{20-x}$Mn$_x$（x=6, 8, 10, 12, 14）
合金的Van't Hoff 图

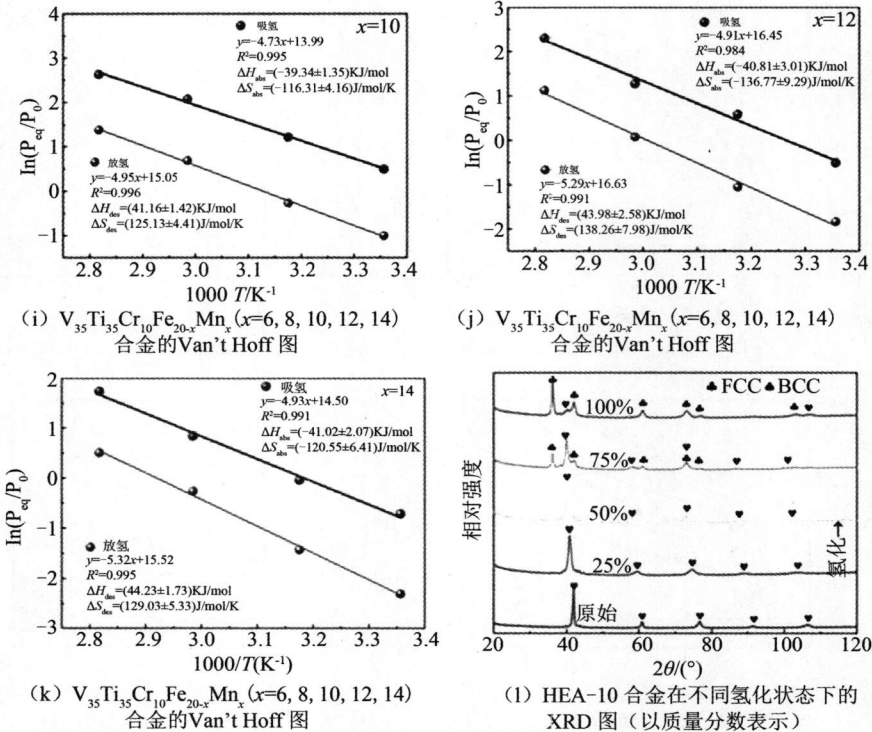

（i）$V_{35}Ti_{35}Cr_{10}Fe_{20-x}Mn_x$（$x$=6, 8, 10, 12, 14）
合金的Van't Hoff 图

（j）$V_{35}Ti_{35}Cr_{10}Fe_{20-x}Mn_x$（$x$=6, 8, 10, 12, 14）
合金的Van't Hoff 图

（k）$V_{35}Ti_{35}Cr_{10}Fe_{20-x}Mn_x$（$x$=6, 8, 10, 12, 14）
合金的Van't Hoff 图

（1）HEA-10 合金在不同氢化状态下的
XRD 图（以质量分数表示）

图 5.4　范特霍夫曲线及氢化结构演变

5.4　循环稳定性

图 5.5（a）至（e）显示了五种合金在 298 K 下的吸氢循环特性，随着循环时间的增加，吸氢量明显逐渐减少。HEA-6 在 50 个循环后的容量保持率为 86.48%，而 HEA-14 则降至 67.46%。图 5.5（f）显示了 $V_{35}Ti_{35}Cr_{10}Fe_{20-x}Mn_x$（$x$ = 6，8，10，12，14）合金原始样品和循环后的 XRD 主峰半最大值全宽（FWHM）之间的关系。从循环后样品主峰半高宽与锰含量的关系来看，循环后峰值变宽，合金整体呈变宽趋势，峰值强度随着锰含量的增加而降低。这表明，Mn/Fe 的增加导致合金在吸放氢循环过程中晶格收缩和膨胀加剧，从而反复引起晶格变形、畸变和应力增加，导致氢容量下降。为了研究合金容量衰减的原因，在循环实验后对合金进行了 XRD 分析。如图 5.5（g）所示，五种合金在循环 50 次后完全脱氢，其 XRD 图样与图 5.1（a）所示的原始样品的图样相对应。这表明合金的相组成具有良好的稳定性，并防止了非吸氢相的形成。图 5.5（h）至（1）为 $t_{0.9}$ 的循环表征图，证明五种合金的吸氢率保持稳定，但饱和吸氢率随着循环次数的增加而降低。这主要是由于不同元素的均匀分布、固溶体结构以及元素之间的协同效应，共同使合金在吸氢过程中具有相对平稳的动力学性能。

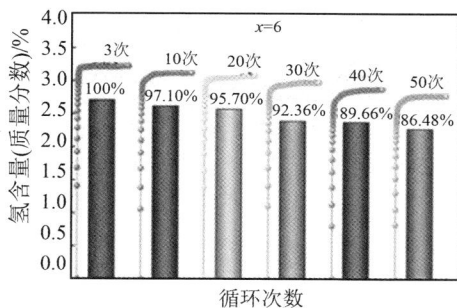

（a）$V_{35}Ti_{35}Cr_{10}Fe_{20-x}Mn_x$（$x$=6, 8, 10, 12, 14）
合金在 298 K 下的循环寿命和容量保持率

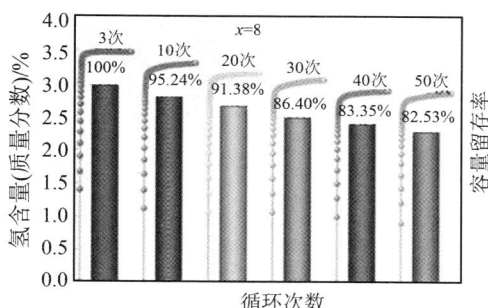

（b）$V_{35}Ti_{35}Cr_{10}Fe_{20-x}Mn_x$（$x$=6, 8, 10, 12, 14）
合金在 298 K 下的循环寿命和容量保持率

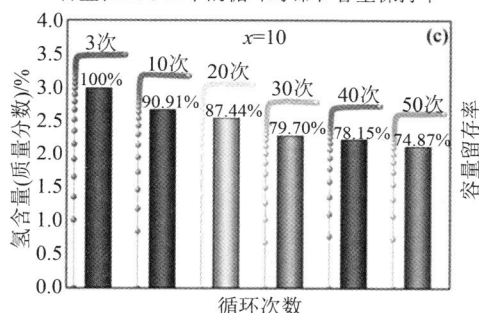

（c）$V_{35}Ti_{35}Cr_{10}Fe_{20-x}Mn_x$（$x$=6, 8, 10, 12, 14）
合金在298 K 下的循环寿命和容量保持率

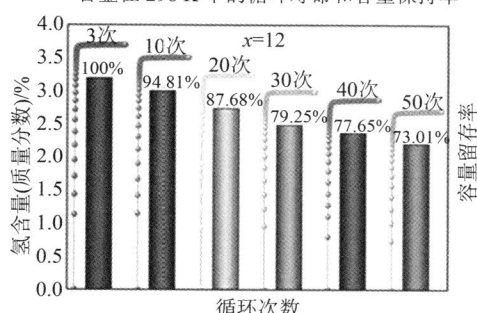

（d）$V_{35}Ti_{35}Cr_{10}Fe_{20-x}Mn_x$（$x$=6, 8, 10, 12, 14）
合金在298 K 下的循环寿命和容量保持率

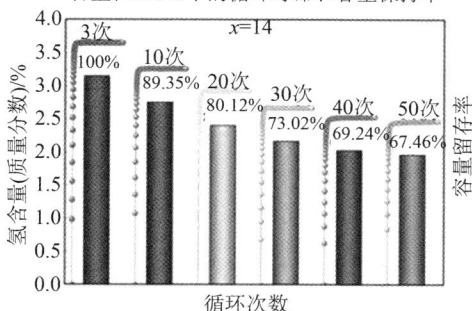

（e）$V_{35}Ti_{35}Cr_{10}Fe_{20-x}Mn_x$（$x$=6, 8, 10, 12, 14）
合金在 298 K 下的循环寿命和容量保持率

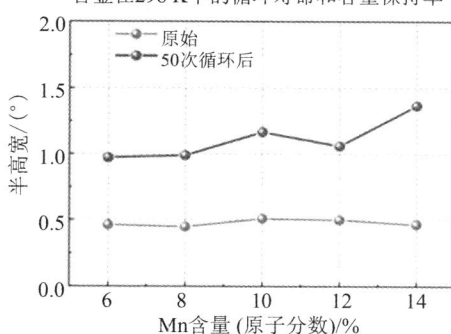

（f）循环前后XRD主峰的FWHM与Mn含量的函数关系

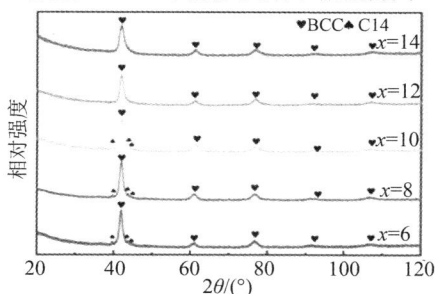

（g）循环50次后$V_{35}Ti_{35}Cr_{10}Fe_{20-x}Mn_x$
（x=6, 8, 10, 12, 14）合金的XRD图谱

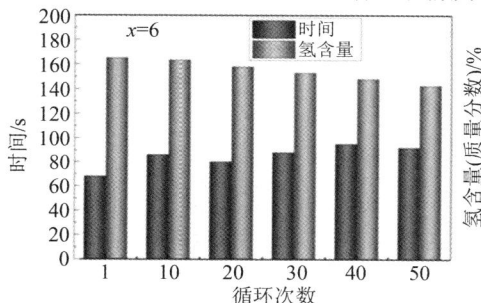

（h）$t_{0.9}$及容量与循环关系柱状图

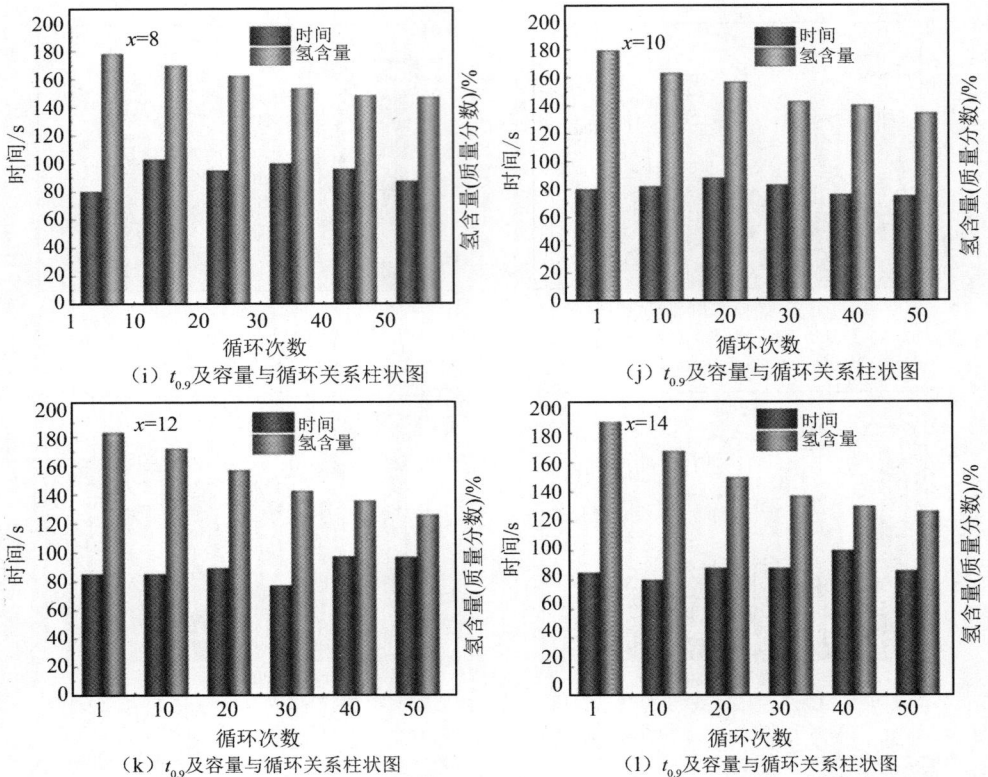

（i）$t_{0.9}$及容量与循环关系柱状图

（j）$t_{0.9}$及容量与循环关系柱状图

（k）$t_{0.9}$及容量与循环关系柱状图

（l）$t_{0.9}$及容量与循环关系柱状图

图 5.5 合金的循环性能

5.5 热物理性能

图 5.6（a）显示了高熵合金在 25～100 ℃ 温度范围内的热扩散率与温度的函数关系。可以清楚地看到，热扩散率随着温度的升高而线性增加。图 5.6（b）至（c）显示了合金的比热容和热导率随温度变化的函数关系。比热容和热导率都随着温度的升高而逐渐增大。锰含量最低的合金具有最高的热导率。原因是元素锰在 20 ℃ 时的热导率为 7.82 W/（m·K），比元素铁在 20 ℃ 时的热导率80.2 W/（m·K）低一个数量级。图 5.6（d）至（e）显示了 Mn6 样品的热扩散系数和热导率与压实压力的关系曲线。可以看出，成型压力越高，盘状样品的导热性越好。在室温下，与纯 V（40 W/（m·K））[47] 或 VBA（12 W/（m·K））[48-49]）相比，所研究的高熵合金都表现出较低的热导率。这主要有两个原因：一是测试的圆盘状样品由粉末压制而成。样品内部有孔隙，密度低于块状合金，因此根据公式（4.7），热导率相对较低。二是金属或合金的热导率由两部分组成：一部分作为热载体的自由电子，另一部分作为热载体的声子。在高熵合金中，由多种合金元素形成的固溶体中的高密度晶界和严重的晶格畸变等晶体缺陷会散射

声子和自由电子，导致它们的平均自由路径受到限制，从而导致热导率下降。

除了 *VEC* 可以很好地预测合金的结构外，研究热物理性质与 *VEC* 之间的关系也很重要。图 5.6(f) 显示了比热容与 *VEC* 之间的关系。可以清楚地看到，随着合金 *VEC* 的增加，样品的比热容先是逐渐增大，然后逐渐减小。图 5.6(g) 至(i) 显示了不同压力下热扩散率随 *VEC* 的变化曲线。可以看出，随着合金 *VEC* 的增加，热扩散率先降低后逐渐升高。图 5.6(j) 至(l) 显示了热导率随 *VEC* 的变化曲线，可以看出，随着 *VEC* 的增加，热导率先减小后逐渐增大。这些结果表明，可以通过适当的成分设计来调整 *VEC*，从而获得所需的热导率。

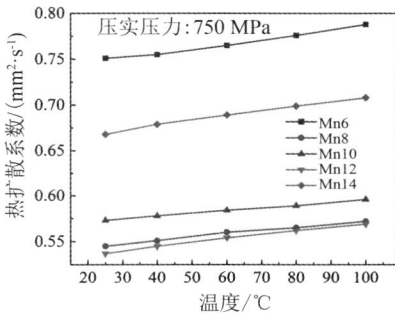

（a）盘状样品的热扩散率

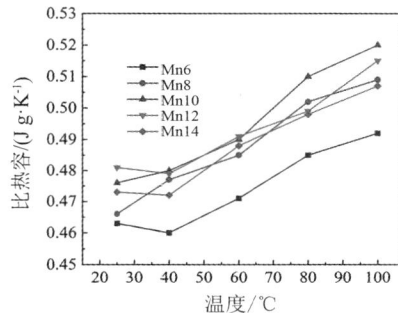

（b）比热容

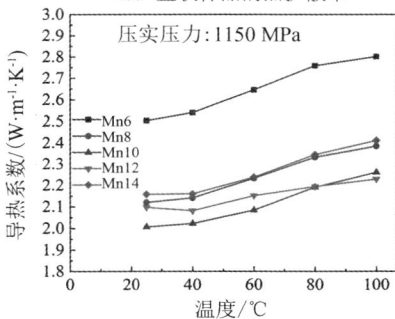

（c）热导率与样品温度的关系

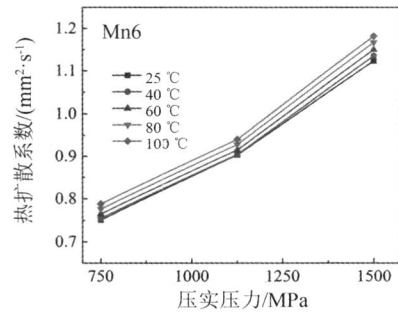

（d）热扩散率与压实压力的关系

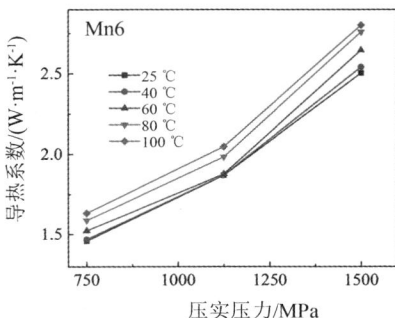

（e）导热系数与压实压力的关系

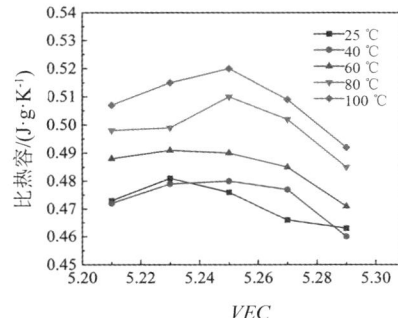

（f）比热容与 *VEC* 的关系

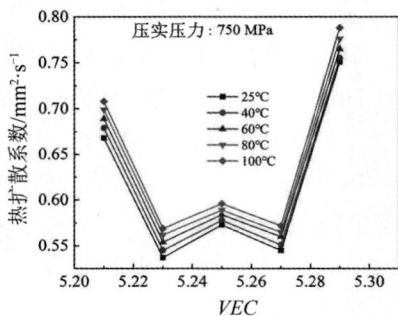

（g）在750 MPa的压制压力下，
盘状样品的热扩散系数与VEC之间的关系

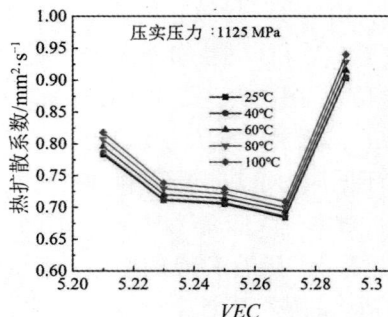

（h）在1125 MPa的压制压力下，
盘状样品的热扩散系数与VEC之间的关系

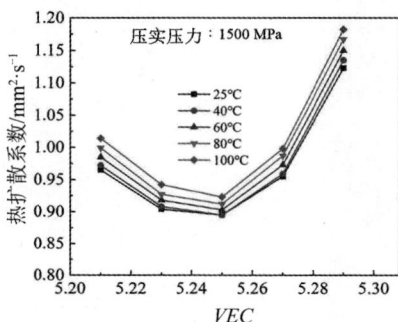

（i）在1500 MPa的压制压力下，
盘状样品的热扩散系数与VEC之间的关系

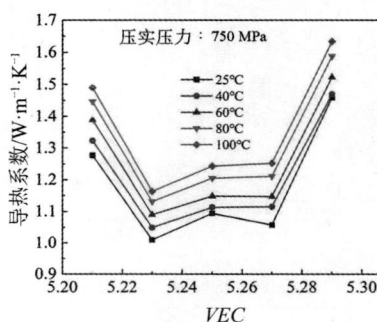

（j）在750 MPa的压制压力下，
盘状样品的热导率与VEC之间的关系

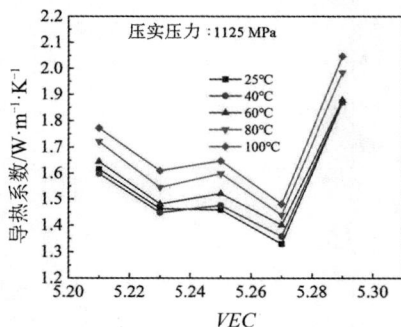

（k）在1125 MPa的压制压力下，盘状样
品的热导率与VEC之间的关系

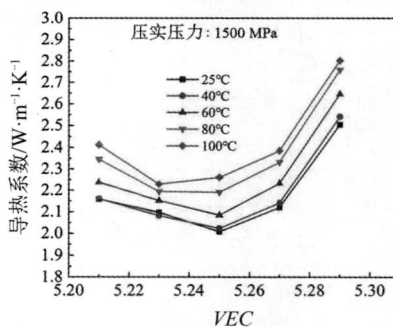

（l）在1500 MPa的压制压力下，盘状样
品的热导率与VEC之间的关系

图5.6　合金的热物理性能

参考文献

[1]　LE T T.Fueling the future：a comprehensive review of hydrogen energy systems and their challenges[J/OL]. Int J hydrogen energy, 2024, 54：791-816 [2024-09-01]. https://doi.org/10.1016/j.ijhydene.2023.08.044.

[2]　QIAO W F, YIN D Y, ZHAO S L, et al.Effects of Cu doping on the hydrogen storage performance of Ti-Mn-based, AB2-type alloys[J/OL]. Chem.Eng.J., 2023, 465：142837 [2024-09-02]. https://doi.org/10.1016/j.cej.2023.142837.

[3]　LU Z, LIU H, LUO H, et al.Effect of $Ti_{0.9}Zr_{0.1}Mn_{1.5}V_{0.3}$ alloy catalyst on hydrogen storage kinetics and cycling stability of magnesium hydride[J/OL]. Chem. Eng. J., 2024, 479：147893[2024-09-03]. https://doi.org/10.1016/j.cej.2023.147893.

[4]　QIAO W, YIN D, ZHAO S, et al. Effects of Cu doping on the hydrogen storage performance of Ti-Mn-based, AB2-type alloys[J/OL]. Chem. Eng. J., 2023, 465：142837 [2024-09-03]. https://doi.org/10.1016/j.cej.2023.142837.

[5]　HU H, XIAO H, LI J, et al.Hydrogen storage in Mo substituted low-V alloys treated by melt-spin process[J/OL] Chem. Eng. J., 2023, 455：140970 [2024-09-04]. https://doi.org/10.1016/j.cej.2022.140970.

[6]　QI J, LIANG Z, XIAO X, et al.Effect of isostructural phase transition on cycling stability of ZrCo-based alloys for hydrogen isotopes storage[J/OL] Chem. c, 2023, 455：140571 [2024-09-05]. https://doi.org/10.1016/j.cej.2022.140571.

[7]　XIU H X, LIU W Q, YIN D M, et al.Multidimensional regulation of Ti-Zr-Cr-Mn hydrogen storage alloys via Y partial substitution[J/OL] Nano Res, 2024, 17(5)：4211-4220 [2024-09-06]. https://doi.org/10.1007/s12274-023-6389-0.

[8]　YEH J W, CHEN S K, LIN S J, et al. Nanostructured high-entropy alloys with multiple principal elements：novel alloy design concepts and outcomes[J/OL]Adv. Eng. Mater., 2004, 6：299-303[2024-09-06]. https://doi.org/10.1002/adem.200300567.

[9]　TSAI M H, YEH J W.High-entropy alloys：a critical review[J/OL]Mater. Res. Lett., 2014, 2：107-123 [2024-09-10]. https://doi.org/10.1080/21663831.2014.912690.

［10］ CANTOR B, CHANG I T H, KNIGHT P, et al.Microstructural development in equiatomic multicomponent alloys［J/OL］Mater. Sci. Eng. A, 2004, 375-377：213-218［2024-09-10］. https：//doi.org/10.1016/j.msea.2003.10.257.

［11］ KAO Y F, CHEN S K, SHEU J H, et al. Hydrogen storage properties of multi-principal-component CoFeMnTi$_x$V$_y$Z$_{rz}$ alloys［J/OL］. Int J hydrogen energy, 2010, 35：9046-9059［2024-09-11］. https：//doi.org/10.1016/j.ijhydene.2010.06.012.

［12］ KUNCE I, POLANSKI M, BYSTRZYCKI J.Microstructure and hydrogen storage properties of a TiZrNbMoV high entropy alloy synthesized using Laser Engineered Net Shaping(LENS)［J/OL］. Int J hydrogen energy, 2014, 39：9904-9910［2024-09-12］. https：//doi.org/10.1016/j.ijhydene.2014.02.067.

［13］ KUNCE I, POLAЙSKI M, CZUJKO T.Microstructures and hydrogen storage properties of LaNiFeVMn alloys［J/OL］. Int J hydrogen energy, 2017, 42：27154-27164 ［2024-09-13］. https：//doi. org/10. 1016/j. ijhydene. 2017. 09.039.

［14］ KUNCE I, POLANSKI M, BYSTRZYCKI J.Structure and hydrogen storage properties of a high entropy ZrTiVCrFeNi alloy synthesized using Laser Engineered Net Shaping (LENS) ［J/OL］. Int J hydrogen energy, 2013, 38：12180-12189 ［2024-09-14］. https：//doi. org/10. 1016/j. ijhydene. 2013. 05.071.

［15］ SAHLBERG M, KARLSSON D, ZLOTEA C, et al.Superior hydrogen storage in high entropy alloys［J/OL］Sci. Rep., 2016, 6：36770［2024-09-14］. https：//doi.org/10.1038/srep36770.

［16］ ZLOTEA C, BOUZIDI A, MONTERO J, et al.Compositional effects on the hydrogen storage properties in a series of refractory high entropy alloys［J/OL］Front. Energy Res., 2022, 10：991447－2024-09-15］. https：//doi.org/10.3389/fenrg.2022.991447.

［17］ ZHANG J, HU J, XIAO H, et al.A first-principles study of hydrogen desorption from high entropy alloy TiZrVMoNb hydride surface［J/OL］. Metals, 2021,11：553［2024-09-16］.https：//doi.org/10.3390/met11040553.

［18］ CERMAK J, KRAL L, ROUPCOVA P.A new light-element multi-principal-elements alloy AlMg$_2$TiZn and its potential for hydrogen storage［J/OL］.Renewable Energ., 2022, 198：1186-1192［2024-09-14］. https：//doi.org/10.1016/j.renene.2022.08.108.

［19］ ANTSIFEROV V N, SEROV M M, LEZHNIN V P, et al. About fabrication, properties and application of rapidly cooled fibers［J］. Izv Vysh Uchebn Zaved, Poroshk Metall Funkts Pokryt, 2011(4):36-40.

［20］ PARK K B, PARK J Y, KIM Y D, et al. Characterizations of hydrogen absorption and surface properties of $Ti_{0.2}Zr_{0.2}Nb_{0.2}V_{0.2}Cr_{0.17}Fe_{0.03}$ high entropy alloy with dual phases［J/OL］. Met. Mater. Int., 2022, 28:565-571［2024-09-16］. https://doi.org/10.1007/s12540-021-01071-x.

［21］ SHEN H, HU J, LI P, et al. Compositional dependence of hydrogenation performance of Ti-Zr-Hf-Mo-Nb high-entropy alloys for hydrogen/tritium storage［J/OL］. J. Mater. Sci. Technol., 2020, 55:116-125［2024-09-17］. https://doi.org/10.1016/j.jmst.2019.08.060.

［22］ ANDRADE G, ZEPON G, EDALATI K, et al. Crystal structure and hydrogen storage properties of AB-type TiZrNbCrFeNi high-entropy alloy［J/OL］. Int J hydrogen energy, 2023, 48(36):13555-13565［2024-09-17］. https://doi.org/10.1016/j.ijhydene.2022.12.134.

［23］ SILVA B H, ZLOTEA C, CHAMPION Y, et al. Design of TiVNb-(Cr, Ni or Co)multicomponent alloys with the same valence electron concentration for hydrogen storage［J/OL］. J. Alloy. Compd., 2021, 865:158767［2024-09-17］. https://doi.org/10.1016/j.jallcom.2021.158767.

［24］ LUO L, HAN H, FENG D, et al. Nanocrystalline high entropy alloys with ultrafast kinetics and high storage capacity for large scale room-temperature-applicable hydrogen storage［J/OL］. Renewables, 2024, 2(2):138-149［2024-09-17］. https://doi.org/10.31635/renewables.024.202300049.

［25］ ZHANG Y, ZHOU Y Z, LIN J P, et al. Solid-Solution Phase Formation Rules for Multi-component Alloys［J/OL］. Adv. Eng. Mater., 2008, 10:534-538［2024-09-18］. https://doi.org/10.1002/adem.200700240.

［26］ GUO S, NG C, LU J, et al. Effect of valence electron concentration on stability of fcc or bcc phase in high entropy alloys［J/OL］. J. Appl. Phys., 2011, 109:103505［2024-09-18］. https://doi.org/10.1063/1.3587228.

［27］ YANG X, ZHANG Y. Prediction of high-entropy stabilized solid-solution in multi-component alloys［J/OL］. Mater. Chem. Phys., 2012, 132:233-238［2024-09-18］. https://doi.org/10.1016/j.matchemphys.2011.11.021.

［28］ MIRACLE D B, SENKOV O N. A critical review of high entropy alloys and related concepts［J/OL］. Acta Mater., 2017, 122:448-511［2024-09-19］.

https://doi.org/10.1016/j.actamat.2016.08.081.

[29] TAKEUCHI A, INOUE A. Classification of bulk metallic glasses by atomic size difference, heat of mixing and period of constituent elements and its application to characterization of the main alloying elemen[J]. Mater. Trans., 2005, 46: 2817-2829.

[30] VEGARD L. Die konstitution der mischkristalle und die raumfu llung der atome[J]. Z Phys, 1921(5): 17-26.

[31] MONSHI A, FOROUGHI M R, MONSHI M R. Modified scherrer equation to estimate more accurately nano-crystallite size using XRD[J/OL]. WJNSE, 2012 (2): 154-160 [2024-09-20]. https://doi. org/10. 4236/wjnse. 2012.23020.

[32] LIANG J, LI G, DING X, et al. Effect of C14 Laves/BCC on microstructure and hydrogen storage properties of $(Ti_{32.5}V_{27.5}Zr_{7.5}Nb_{32.5})_{1-x}Fe_x(x=0.03, 0. 06, 0.09)$ high entropy hydrogen storage alloys[J/OL]. J. energy storage, 2023 (73): 108852 [2024-09-20]. https://doi. org/10. 1016/j. est. 2023.108852.

[33] BALCERZAK M. Electrochemical and hydrogen sorption studies of nanocrystalline Ti-V-Co and Ti-V-Ni-Co alloys synthesized by mechanical alloying method[J/OL]. J. Mater. Eng. Perform, 2019 (28): 4838-4844 [2024-09-20]. https://doi.org/10.1007/s11665-019-04266-x.

[34] HU H, MA C, ZHOU L, et al. Understanding crystal structure roles towards developing high-performance V-free BCC hydrogen storage alloys[J/OL]. Int J hydrogen energy, 2022, 47: 25335-25346[2024-09-21]. https://doi.org/ 10.1016/j.ijhydene.2022.05.241.

[35] SERRANO L, MOUSSA M, YAO J Y, et al. Development of Ti-V-Nb-Cr-Mn high entropy alloys for hydrogen storage[J/OL]. J. Alloy. Compd., 2023, 945: 169289 [2024-09-21]. https://doi. org/10. 1016/j. jallcom. 2023.169289.

[36] FLORIANO R, ZEPON G, EDALATI K, et al. Hydrogen storage in TiZrNbFeNi high entropy alloys, designed by thermodynamic calculations[J/OL]. Int J hydrogen energy, 2020, 45: 33759-33770[2024-09-21]. https://doi. org/10.1016/j.ijhydene.2020.09.047.

[37] MA X, DING X, CHEN R, et al. Study on hydrogen storage property of(Zr-TiVFe)Al high-entropy alloys by modifying Al content[J/OL]. Int J of hy-

drogen energy, 2022, 47: 8409-8418 [2024-09-22]. https://doi. org/10. 1016/j.ijhydene.2021.12.172.

[38] HU J, ZHANG J, XIAO H, et al.A first-principles study of hydrogen storage of high entropy alloy TiZrVMoNb[J/OL]. Int J hydrogen energy, 2021, 46: 21050-21058 [2024-09-22]. https://doi. org/10. 1016/j. ijhydene. 2021. 03.200.

[39] HU J, ZHANG J, XIAO H, et al.A density functional theory study of the hydrogen absorption in high entropy alloy TiZrHfMoNb[J/OL]. Inorg. Chem., 2020, 59: 9774-9782 [2024-09-23]. https://doi. org/10. 1021/acs. inorgchem.0c00989.

[40] CHANCHETTI L F, HESSEL SILVA B, MONTERO J, et al.Structural characterization and hydrogen storage properties of the $Ti_{31}V_{26}Nb_{26}Zr_{12}M_5$ (M = Fe, Co, or Ni) multi-phase multicomponent alloys[J/OL]. Int J hydrogen energy, 2023, 48: 2247-2255 [2024-09-23]. https://doi. org/10. 1016/j. ijhydene.2022.10.060.

[41] NYGÅRD M M, EK G, KARLSSON D, et al.Counting electrons - A new approach to tailor the hydrogen sorption properties of high-entropy alloys[J/OL]. Acta Mater., 2019, 175: 121-129 [2024-09-23]. https://doi.org/10. 1016/j.actamat.2019.06.002.

[42] MA X, DING X, CHEN R, et al.Study on microstructure and the hydrogen storage behavior of a TiVZrNbFe high-entropy alloy[J/OL]. Intermetallics, 2023, 157: 107885 [2024-09-23]. https://doi. org/10. 1016/j. intermet. 2023.107885.

[43] LUO L, LI Y, YUAN Z, et al.Nanoscale microstructures and novel hydrogen storage performance of as cast $V_{47}Fe_{11}Ti_{30}Cr_{10}RE_2$ (RE = La, Ce, Y, Sc) medium entropy alloys[J/OL]. J. Alloy. Compd., 2022, 913: 165273 [2024-09-23]. https://doi.org/10.1016/j.jallcom.2022.165273.

[44] ZHANG C, SONG A, YUAN Y, et al.Study on the hydrogen storage properties of a TiZrNbTa high entropy alloy[J/OL]. Int J hydrogen energy, 2020, 45: 5367-5374 [2024-09-24]. https://doi. org/10. 1016/j. ijhydene. 2019. 05.214.

[45] KUMAR S, SINGH P K, KOJIMA Y, et al. Cyclic hydrogen storage properties of VTiCrAl alloy[J/OL]. Int J hydrogen energy, 2018, 43: 7096-7101[2024-09-24].https://doi.org/10.1016/j.ijhydene.2018.02.103.

［46］ FLORIANO R, ZEPON G, EDALATI K, et al.Hydrogen storage properties of new A3B2-type TiZrNbCrFe high-entropy alloy ［J/OL］. Int J hydrogen energy, 2021, 46: 23757-23766［2024-09-24］.https://doi. org/10.1016/j. ijhydene.2021.04.181.

［47］ GARY D. SANDROCK G. State-of-the-art review of hydrogen storage in reversible metal hydrides for military fuel cell applications［R］. Ringwood, New Jersey: Sunatech,lnc, 1997.

［48］ CZICHOS H, SAITO T, SMITH L E. Springer handbook of metrology and testing［M］. Berlin Heidelberg: Springer-Verlag, 2011.

［49］ LUO L; HAN H M, CHEN L P, et al.Critical review of high-entropy alloys for catalysts: design, synthesis, and applications ［J/OL］. International journal of hydrogen energy, 2024, 90, 885-917［2024-09-25］. https://doi. org/10.1016/j.ijhydene.2024.09.379.

第6章

基于热力学预测合金氢解吸平台压力

正如前面研究结果表明，金属氢化物形式的固态储氢被认为是最理想的储氢方式[1-5]。然而，大多数合金无法满足实际应用中对储氢装置的要求[6]。Yeh等人[7]和Cantor等人[8]于2004年首次提出高熵合金以来，针对不同应用对高熵合金进行了广泛的研究。一些人尝试使用含钒高熵合金作为储氢材料[9-14]。其中一些含钒合金，如 $V_{0.25}Ti_{0.30}Zr_{0.10}Nb_{0.25}Ta_{0.10}$（吸氢量：2.5%）[9]、$V_{0.25}Ti_{0.30}Mg_{0.10}Zr_{0.10}Nb_{0.25}$（吸氢量：2.7%）[10]、VTiZrCoFeMn（吸氢量：1.8%）[11]、VZrTiCrFeNi（吸氢量：1.8%）[12]、LaNiFeVMn（吸氢量：0.8%）[13]和FeVCoTiCrZr（吸氢量：1.88%）[14]等，能在室温下吸收/解吸氢气，但储氢能力小于3%（质量分数）。一般认为，吸氢低的原因是吸氢元素含量低。V含量相对较高的 V-Ti-Cr 低熵合金（LEA），如 $V_{68}Ti_{20}Cr_{12}$[15]、$V_{60}Ti_{15}Cr_{25}$[16]、$V_{70}Ti_{10}Cr_{20}$[16]等，可在室温下吸氢/脱氢，且吸氢能力高于3.5%。然而，合金的成本问题也变得非常突出。为了解决这个问题，一些研究人员用 Fe 元素来部分替代 V 元素，形成了 V-Fe-Ti-Cr 中熵合金（MEA）[17-20]。

金属氢化物的平衡平台压对燃料电池汽车和便携式设备等实际应用具有重要意义。如果平衡压力过低，金属氢化物就很难释放氢气，从而导致有效储氢能力非常低。相反，如果合金的高原压过高，合金就很难吸收氢气。因此，对于固态储氢系统，氢化物的平台压最好在室温附近的 0.1~0.3 MPa[21]。然而，无论是 V-Ti-Cr 低熵合金，还是 V-Fe-Ti-Cr 中熵合金，都存在一个问题，即合金的氢解吸平台压（P_d）一般相对较低，导致合金的氢解吸效率较低。例如，Song[22]制备的 $V_{35}Ti_{25}Cr_{40}$ 合金的吸氢能力为 2.9%（质量分数），但解吸氢能力仅为 1.56%（质量分数）。氢气解吸效率低的原因是合金的 P_d 较低，仅为 0.09 MPa。Yoo[23]制备的 P_d 为0.04 MPa 的 $V_{25}Ti_{32}Cr_{38}Fe_5$ 合金在室温下的氢化能力为3.5%（质量分数），氢解吸能力为 1.5%（质量分数）。氢气解吸效率仅为 42.8%。然而，并非所有的 V-Ti-Cr 或 V-Fe-Ti-Cr 合金都具有较低的高原压。例如，$V_{50}Ti_{16}Cr_{34}$合金的 P_d 高达 0.5 MPa，有效储氢能力约为 2.24%（质量分数）[24]。

这表明，通过适当调整合金成分可以获得理想的 P_d。目前，大量文献[15, 20, 25-29] 报道了 V-Ti-Cr 低熵合金或 V-Fe-Ti-Cr 中熵合金中 P_d 与成分关系的研究。例如，Seo 等人[15]研究了 Ti 和 Cr 含量对 V-Ti-Cr 合金吸氢和解吸的高原压以及有效解吸氢能力的影响。研究发现，随着 Cr 含量的增加，合金的平台压也随之增加，这有利于提高有效储氢能力。同样，Kuriiwa 等人[25]对 V-Ti-Cr 合金进行了研究，结果表明随着 Ti/Cr 原子比($N_{Ti/Cr}$)的增加，氢化物分解的高原压逐渐降低。综上所述，现有研究结果仅表明合金元素对 VBA 的平台压有显著影响，并给出了一些定性结论。但是，成分与平台压之间的定量关系还缺乏系统的研究。为了获得合适的 P_d，研究人员只能制备大量合金进行逐一测试和筛选，这显然是不经济且低效的。

Tsukahara[16]报道了一种容量为 3.78%（质量分数）的 $V_{60}Ti_{15}Cr_{25}$ 合金，这是迄今为止在 VBA 中报道的最高容量。在本章研究中，用 Fe 部分替代 V-Ti-Cr 合金中的 V，形成 V-Fe-Ti-Cr 合金，V 与 Fe 的比例固定为 4：1。根据非等原子中熵合金的设计原则[30]，基体元素 V 的比例确定为 48%，Ti 和 Cr 的比例范围为 15%~30%。设计出了构型熵在 $R \sim 1.5R$ 的 V 基 V_{48}-Fe_{12}-Ti-Cr 四元中熵合金。通过调整 $N_{Ti/Cr}$，详细研究了 $V_{48}Fe_{12}Ti_{15+x}Cr_{25-x}$($x=0$, 5, 10, 15)中熵合金的 P_d 与组成和温度之间的关系，提出了预测 BCC 结构固溶体储氢合金 P_d 的简单数学模型。

6.1 预测数学模型推导

图 6.1（a）显示了 $V_{48}Fe_{12}Ti_{15+x}Cr_{25-x}$($x=0$, 5, 10, 15)合金的 XRD 图谱，即使发现了少量第二相，它表明所有样品的主相也是 BCC 结构的固溶体。使用 MAUD 软件对 XRD 图谱进行了 Rietveld 精修分析，如图 6.1（b）所示（以 $x=0$ 的样品为例）。表 6.1 列出了合金中所有相的计算数据。结果表明，随着 $N_{Ti/Cr}$ 的增加，氢化物分解的平台压逐渐降低，如图 6.2 所示，这与文献[31]的结论一致。

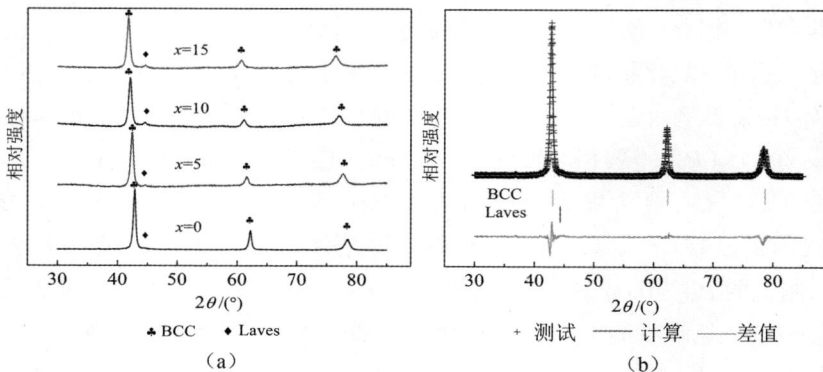

图 6.1　$V_{48}Fe_{12}Ti_{15+x}Cr_{25-x}$($x=0$, 5, 10, 15)合金的 XRD 图谱

表 6.1　$V_{48}Fe_{12}Ti_{15+x}Cr_{25-x}(x=0,5,10,15)$ 合金是 XRD 精修数据

样品	相	空间群	晶格常数		丰度	$R_{wp}/\%$	S
			$0.1a/nm$	$0.1c/nm$	（质量分数）/%		
$x=0$	BCC	Im-3m(229)	2.967(1)	—	99.5(8)	9.03	1.48
	Laves	P63-mcc(194)	4.773(2)	7.925(2)	0.5(2)		
$x=5$	BCC	Im-3m(229)	2.997(1)	—	98.7(3)	10.98	1.27
	Laves	P63-mcc(194)	5.114(3)	8.111(2)	1.3(2)		
$x=10$	BCC	Im-3m(229)	3.019(1)	—	98.3(4)	10.23	1.23
	Laves	P63-mcc(194)	5.276(2)	8.073(2)	1.7(6)		
$x=15$	BCC	Im-3m(229)	3.038(1)	—	98.1(1)	11.54	1.56
	Laves	P63-mcc(194)	4.847(1)	7.885(1)	1.9(1)		

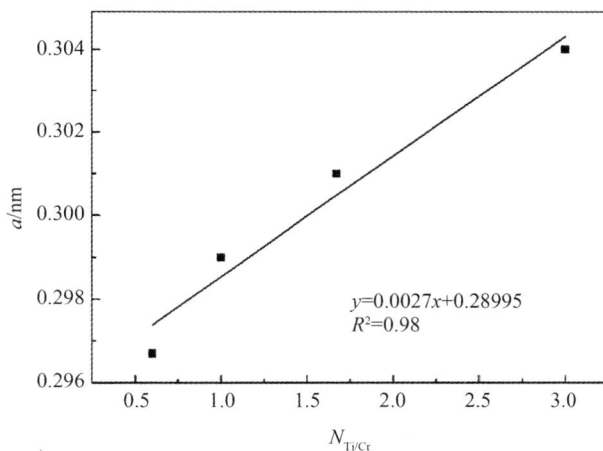

$y=0.0027x+0.28995$
$R^2=0.98$

图 6.2　$V_{48}Fe_{12}Ti_{15+x}Cr_{25-x}(x=0,5,10,15)$ 合金的晶格常数与 $N_{Ti/Cr}$ 的关系

图 6.3 显示了 $V_{48}Fe_{12}Ti_{15+x}Cr_{25-x}(x=0,5,10,15)$ 合金在不同温度下的解吸 PCIs 曲线。表 6.2 列出了氢气解吸特性参数。P_d 是合金储氢性能的关键参数，对合金的实际应用具有重要意义。P_d 通常定义如下：

$$P_d=(P_1+P_2)/2 \qquad (6.1)$$

其中，P_1 和 P_2 分别为 PCI 曲线平台氢解吸的起始压力和终止压力。

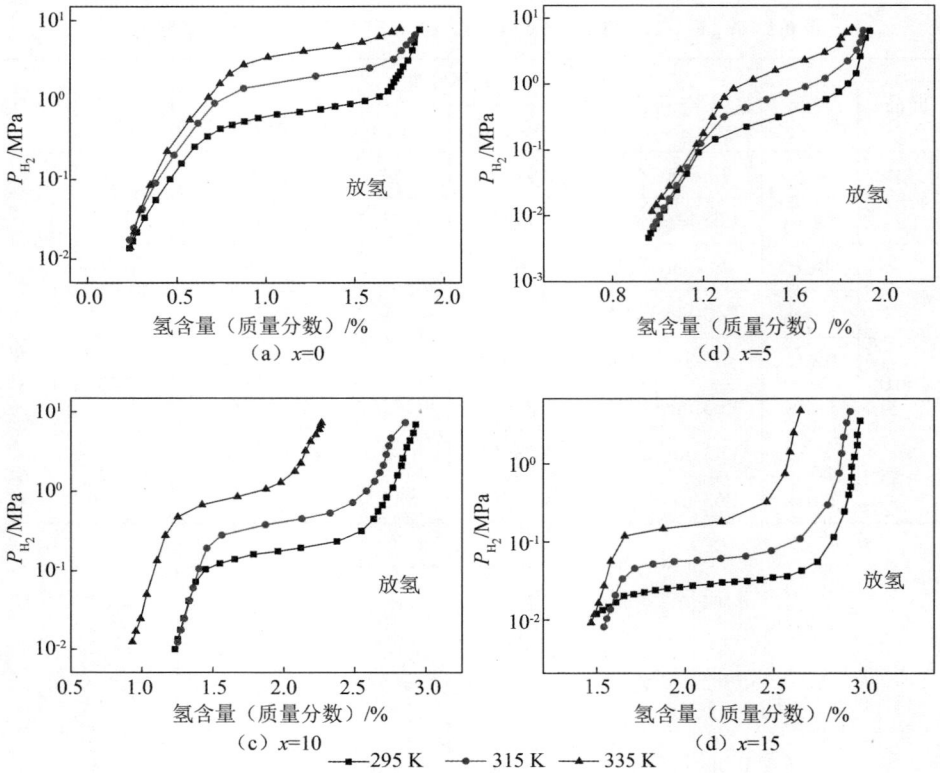

图 6.3 $V_{48}Fe_{12}Ti_{15+x}Cr_{25-x}$ 合金的 PCI 曲线

表 6.2 $V_{48}Fe_{12}Ti_{15+x}Cr_{25-x}$ 合金的储氢性能参数

样品	温度/K	放氢		
		容量	P_d	S_f
$x=0$	295	1.660	0.793	0.800
	315	1.750	2.080	2.440
	335	1.510	4.415	4.500
$x=5$	295	0.940	0.340	0.840
	315	0.980	0.770	2.000
	335	0.940	2.290	6.080
$x=10$	295	1.700	0.210	0.180
	315	1.610	0.550	0.710
	335	1.320	1.030	1.600

表 6.2（续）

样品	温度/K	放氢		
		容量	P_d	S_f
$x = 15$	295	1.810	0.030	0.010
	315	1.280	0.070	0.070
	335	1.130	0.180	0.260

为了研究 Ti 和 Cr 含量对 $V_{48}Fe_{12}Ti_{15+x}Cr_{25-x}$（$x = 0$，5，10，15）中熵合金 P_d 的影响，以 $N_{Ti/Cr}$ 为自变量，不同温度下的 P_d 为因变量，如图 6.4（a）所示。可以看出，随着 $N_{Ti/Cr}$ 的增加，P_d 逐渐减小。为了进一步研究 P_d 与 $N_{Ti/Cr}$ 之间的关系，以 P_d 的自然对数为 y 轴，$N_{Ti/Cr}$ 为 x 轴，如图 6.4（b）所示。可以清楚地看到，$\ln P_d$ 与 $N_{Ti/Cr}$ 具有良好的线性关系。不同温度下 $\ln_{Pd}$ 与 $N_{Ti/Cr}$ 的拟合直线方程为 $y_{295K} = -1.33x + 0.52$，$y_{315K} = -1.33x + 1.44$，$y_{335K} = -1.33x + 2.27$。令人惊讶的是，不同温度下的拟合直线的斜率相同，但截距不同。因此，不同温度下 $\ln_{Pd}$ 与 $N_{Ti/Cr}$ 关系曲线的拟合直线方程可以用下面的形式表示：

$$\ln P_d = -1.33 N_{Ti/Cr} + I \tag{6.2}$$

式（6.2）可以转换成如下形式：

$$\begin{aligned} P_d &= e^{(-1.33 N_{Ti/Cr} + I)} \\ &= e^I \cdot e^{(-1.33 N_{Ti/Cr})} \\ &= K \cdot e^{(-1.33 N_{Ti/Cr})} \end{aligned} \tag{6.3}$$

其中，K 是与氢解吸工作温度有关的系数。为了确定 K 的表达式，以不同温度下 $\ln_{Pd}$ 与 $N_{Ti/Cr}$ 关系的拟合线方程的 I 为 y 轴，工作温度的倒数为 x 轴，如图 6.5 所示。可以看出，I 值与 $1/T$ 呈良好的线性关系，拟合线方程为

$$y = -4278.7x + 15.02$$

由式（6.3）可知：

$$K = e^I \tag{6.4}$$

基于物理量纲统一的考虑，在式（6.4）中引入 P_0，系数 K 的表达式如下：

$$K = P_0 \cdot e^{-\left(\frac{4278.7}{T} - 15.02\right)} \tag{6.5}$$

其中，P_0 为 1 MPa。因此，将式（6.5）代入式（6.3），得

$$P_d = P_0 \cdot e^{-\left(\frac{4278.7}{T} - 15.02\right)} \cdot e^{(-1.33 N_{Ti/Cr})} \tag{6.6}$$

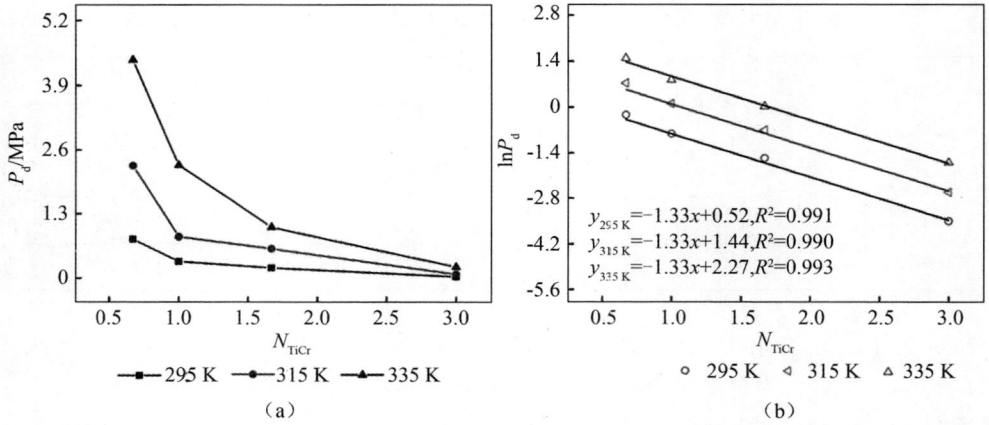

图 6.4 P_d 和 $\ln P_d$ 随 $N_{Ti/C}$ 变化曲线

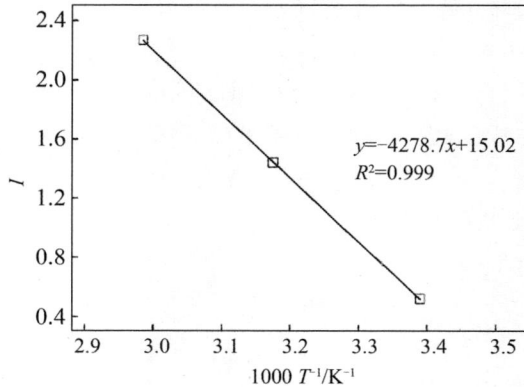

图 6.5 I 值与放氢温度关系曲线

式(6.6)可简写为 $P_d = A \cdot B$，即由两部分组成：

$$A = P_0 \cdot e^{-\left(\frac{4278.7}{T} - 15.02\right)}$$

和

$$B = e^{(-1.33N_{Ti/Cr})}$$

显然，A 部分在形式上与范特霍夫方程一致[32]：

$$\ln\left(\frac{P_d}{P_0}\right) = \frac{\Delta H}{RT} - \frac{\Delta S}{R} \tag{6.7}$$

因此，在 A 部分，我们可以得到 $\dfrac{\Delta H}{R} = 4278.7$ J/mol，$\dfrac{\Delta S}{R} = 15.02$ J/(mol·K)。也就是说，$\Delta H = 35.57$ kJ/mol，$\Delta S = 124.87$ J/(mol·K)。计算 $V_{48}Fe_{12}Ti_{15+x}Cr_{25-x}$ 合金的氢解吸热力学后发现，ΔH 几乎是 $V_{48}Fe_{12}Ti_{15+x}Cr_{25-x}$ 合金氢解吸焓的平均值（如图 6.6 所示）。而 ΔS 基本上等于一般认为的 125 J/(mol·K)[32]。因此，可以

合理地假设 A 部分可以表示为 $A = P_0 \cdot e^{-\left(\frac{\Delta H}{RT} - \frac{\Delta S}{R}\right)}$，这一假设适用于所有 BCC 结构的固溶合金。其中，ΔS 是常数，为 125 J/(mol·K)。表 6.3 列出了元素周期表中的常见元素。为了研究这种关系在 V-Ti-Cr 低熵合金或 V-Fe-Ti-Cr 中熵合金中是否具有普遍性，将式(6.6)简化：

$$P_d = P_0 \cdot e^{-\left(\frac{\Delta H}{RT} - \frac{\Delta S}{R}\right)} \cdot e^{(k \cdot N_{Ti/Cr})} \tag{6.8}$$

其中，k 与合金成分有关。为了验证式(6.8)是否普遍适用于 V-Ti-Cr 低熵合金和 V-Fe-Ti-Cr 中熵合金，著者提取了文献中的数据并将其列于表 6.4 中。计算后发现，文献中合金的 P_d 也符合式(6.8)的指数关系。由此可以得出结论，式(6.8)在 V-Ti-Cr 和 V-Ti-Cr –Fe 合金中具有普遍性。前面的结果表明，BCC 结构相的晶格常数与 $N_{Ti/Cr}$ 具有良好的线性关系，因此式(6.8)可以写成

$$P_d = P_0 \cdot e^{-\left(\frac{\Delta H}{RT} - \frac{\Delta S}{R}\right)} \cdot e^{(k \cdot a)} \tag{6.9}$$

其中，a 为 BCC 相的晶格常数。在 BCC 固溶体晶体结构中，对晶格常数影响最大的是合金组成元素的原子半径。C. Kittel 教授在其著作[35]中明确指出，相的晶格常数可以通过原子半径的相加特性来预测。表 6.4 列出了本研究和文献中 BCC 相的平均原子半径的计算结果。

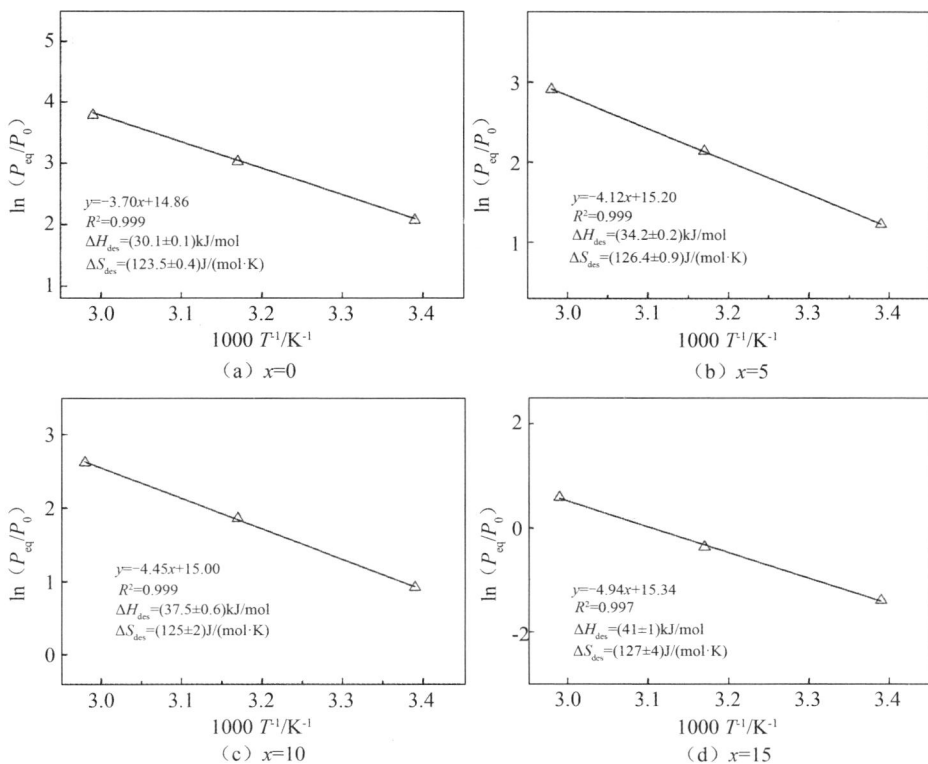

（a）$x=0$

（b）$x=5$

（c）$x=10$

（d）$x=15$

图 6.6　$V_{48}Fe_{12}Ti_{15+x}Cr_{25-x}$ 的 Van't Hoff 曲线

表 6.3　浓氢化物的形成热[32]

元素	金属氢化物	$\Delta H/(\text{kJ} \cdot \text{mol}^{-1} \cdot \text{H})$	温度/K
Al	AlH_3	−4	298
Ba	BaH_2	−86	298
Ca	CaH_2	−94	298
Ce	CeH_2	−103	
Co	$CoH_{0.5}$	15	298
Cr	CrH	−6	298
Fe	$FeH_{0.5}$	10	298
Gd	GdH_2	−98	
Hf	HfH_2	−66	
Ho	HoH_2	−113	
K	KH	−58	298
La	LaH_2	−97	
Li	LiH	−97	
Lu	LuH_2	−104	
Mg	MgH_2	−37	
Mn	$MnH_{0.5}$	−8	298
Mo	$MoH_{0.5}$	5	298
Na	NaH	−56	298
Nb	$NbH_{0.5}$	−38	
Nd	NdH_2	−106	298
Ni	$NiH_{0.5}$	−3	298
Pd	$PdH_{0.6}$	−20	
Pr	$PrH2$	−104	
Pu	PuH_2	−86	298
Ra	RaH_2	−72	
Rh	$RhH_{0.5}$	10	298
Sc	ScH_2	−100	
Sm	SmH_2	−100	
Sr	SrH_2	−88	298
Ta	$TaH_{0.5}$	−38	
Th	ThH_2	−73	
Ti	TiH_2	−68	298
Tm	TmH_2	−112	
U	UH_3	−42	
V	VH_2	−42	
Y	YH_2	−114	
Yb	YbH_2	−91	
Zr	ZrH_2	−82	298

表 6.4　研究合金和报道的典型 V-Ti-Cr 和 V-Ti-Cr-Fe 合金的参数表

序号	合金	结构	$N_{Ti/Cr}$	晶格参数 $0.1a$/nm	$\bar{r}$/pm	δ/%	ΔH_{mix} /(kJ·mol⁻¹)	ΔS_{mix} /(J·mol⁻¹·K⁻¹)	T_m /K	Ω	P_d /MPa	温度 /K	文献
1	V_{55}-$Fe_{6.4}$-Ti-Cr	BCC	1.40	3.046	135.45	4.99	−4.72	9.43	2095.96	4.18	0.03	298	[20]
			1.26	3.041	135.26	4.96	−4.69	9.45	2098.35	4.22	0.06		
			1.13	3.034	135.07	4.92	−4.66	9.47	2100.74	4.26	0.10		
			1.02	3.028	134.88	4.87	−4.62	9.48	2103.13	4.31	0.20		
			0.92	3.022	134.69	4.82	−4.58	9.47	2105.52	4.35	0.30		
2	V_{42}-$Fe_{8.3}$-Ti-Cr	BCC	1.40	3.0448	135.86	5.62	−6.03	10.44	2075.10	3.59	0.05	298	[20]
			1.29	3.0397	135.67	5.59	−6.00	10.47	2077.49	3.62	0.09		
			1.19	3.0364	135.48	5.56	−5.96	10.48	2079.88	3.65	0.15		
			1.10	3.0319	135.29	5.53	−5.91	10.49	2082.27	3.69	0.25		
			1.01	3.0283	135.10	5.50	−5.86	10.50	2084.66	3.73	0.36		
3	V_{30}-Fe_{10}-Ti-Cr	BCC	1.07	3.026	135.49	6.04	−7.02	10.92	2065.61	3.21	0.30	298	[19]
			1.22	3.032	135.87	6.08	−7.12	10.89	2060.83	3.15	0.11		
			1.40	3.042	136.25	6.11	−7.21	10.85	2056.05	3.09	0.04		
			1.61	3.052	136.63	6.13	−7.27	10.78	2051.27	3.04	0.01		
			1.86	3.061	137.01	6.14	−7.31	10.69	2046.49	2.99	0.002		
4	V_{40}-Fe_{8}-Ti-Cr	BCC	1.20	3.034	135.63	5.66	−6.05	10.53	2077.90	3.61	0.09	298	[26]
			1.10	/	135.40	5.62	−6.00	10.54	2080.77	3.65	0.14		
			1.05	/	135.29	5.60	−5.98	10.55	2082.21	3.67	0.18		
			1.00	3.030	135.18	5.58	−5.95	10.55	2083.64	3.69	0.24		
			0.95	3.022	135.05	5.56	−5.91	10.55	2085.31	3.72	0.30		

表 6.4（续）

序号	成分	结构											参考文献
5	V$_{40}$-Fe$_6$-Ti-Cr	BCC	1.25	3.0410	135.98	5.66	-5.69	10.30	2081.46	3.76	0.04	298	[33]
									0.11	318			
									0.40	338			
									1.00	368			
			1.16	3.0361	135.79	5.64	-5.67	10.31	2083.85	3.78	0.07	298	
									0.22	318			
									0.60	338			
									1.30	368			
			1.08	3.0344	135.60	5.61	-5.64	10.32	2086.24	3.81	0.15	298	
									0.30	318			
									1.00	338			
									2.20	368			
			1.00	3.0327	135.41	5.58	-5.60	10.33	2088.49	3.85	0.38	298	
									0.50	318			
									1.60	338			
									3.50	368			
6	V$_{39}$-Fe$_8$-Ti-Cr	BCC	1.00	3.0340	133.84	5.73	-5.88	10.55	2061.96	3.69	0.60	298	[29]
			1.17	3.0391	134.22	5.79	-5.97	10.54	2057.18	3.63	0.40	298	
			1.36	3.0467	134.60	5.83	-6.04	10.50	2052.40	3.56	0.20	298	

序号	合金	结构	$N_{\text{TV/Cr}}$	晶格参数		δ /%	ΔH_{mix} /(kJ·mol^{-1})	ΔS_{mix} /(J·mol^{-1}·K^{-1})	T_{m} /K	Ω	P_{d} /MPa	温度 /K	文献
				$0.1a$/nm	$\bar{r}$/pm								
7	V$_{40}$-Ti-Cr	BCC	0.71	3.024	135.15	5.41	−4.37	8.98	2115.55	4.34	0.70	313	[27]
			0.76	3.033	135.34	5.44	−4.39	9.01	2113.16	4.33	0.55		
			0.85	3.041	135.62	5.51	−4.42	9.04	2108.38	4.31	0.35		
			1.00	3.051	136.10	5.55	−4.44	9.05	2103.60	4.28	0.16		
8	V$_{48}$-Fe$_{12}$-Ti-Cr	BCC	0.60	2.967	133.49	4.84	−5.54	10.29	2094.13	3.89	—	—	本研究
			1.00	2.997	134.44	5.18	−5.99	10.40	2080.18	3.61			
			1.67	3.019	135.39	5.39	−6.31	10.29	2070.23	3.38			
			3.00	3.038	136.34	5.51	−6.48	9.96	2058.28	3.16			

注：δ、ΔH_{mix}、ΔS_{mix}、T_{m} 和 Ω 的计算公式可从 Zhang 等人[34] 报道的文献中获得。

图 6.7 显示了 BCC 结构固溶体的 a 与 $\bar{r}$ 的关系图。从图 6.7 中可以发现 a 与 $\bar{r}$ 呈良好线性关系。因此,式(6.9)可写为

$$P_d = P_0 \cdot e^{-\left(\frac{\Delta H}{RT} - \frac{\Delta S}{R}\right)} \cdot e^{(k \cdot \bar{r})} \tag{6.10}$$

从式(6.10)中可以看出,P_d 与合金的半径成指数关系。一般来说,有两个因素会影响原子的半径:一个是原子的电子层数,另一个是原子核中的质子数。钒、钛、铬和铁具有相同的原子电子层数,因此影响 V-Ti-Cr 和 V-Ti-Cr-Fe 合金的主要因素是由成分含量变化引起的原子核中质子平均数的变化。由于 Cr 原子核中的质子数大于 Ti 原子核中的质子数,Cr 原子核的质量较大,结合电子的能力较强,因此随着 $N_{Ti/Cr}$ 的增加,原子中的平均质子数减少,平均原子半径变大。$\bar{r}$ 的增加导致合金的晶格常数增加,从而提供了更大的间隙空间,有利于氢原子的进入。这有利于氢的储存,但不利于氢的解吸[5, 36]。

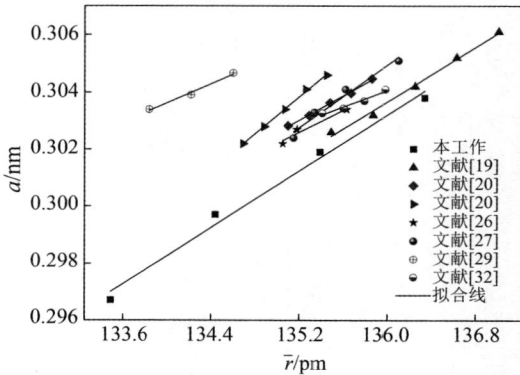

图 6.7　晶格常数 a 与 $\bar{r}$ 的关系

除了 V-Ti-Cr 低熵合金和 V-Ti-Cr –Fe 中熵合金之外,还有其他具有 BCC 结构的固溶体合金。在此,著者大胆推测,式(6.10)适用于所有具有 BCC 结构的固溶合金,包括低熵合金、中熵合金和高熵合金。为了验证这一假设,著者收集并整理了大量的文献数据,如表 6.5 所示。图 6.8 显示了参考文献中 BCC 结构固溶合金的 $\ln(P_d)$ 与 $\bar{r}$ 之间的关系曲线。结果表明,式(6.10)同样适用于 BCC 结构固溶体的低熵合金和高熵合金。因此,著者可以得出结论:在包括低、中、高熵合金在内的所有 BCC 结构固溶体中,P_d 与合金的 $\bar{r}$ 值成指数关系,即随着 $\bar{r}$ 值的增加,P_d 呈指数下降。整理文献数据后发现,式(6.10)中的 k 与 $\bar{r}$ 的平方成正比,即 P_d 的解析公式如下:

$$P_d = P_0 \cdot e^{-\left(\frac{\Delta H}{RT} - \frac{\Delta S}{R}\right)} \cdot e^{\left(\frac{\bar{r}}{100}\right)^3} \tag{6.11}$$

根据式(6.11),著者计算了所报告合金的 P_d。表 6.6 列出了计算值和实验值。可以看出,预测值与实验值十分吻合。

表 6.5　文献报道 BCC 结构固溶合金的 a, $\bar{r}$, P_d, δ, ΔH_{mix}, ΔS_{mix}, Ω, T 参数

序号	合金	结构	晶格参数 0.1a/nm	$\bar{r}$/pm	δ/%	ΔH_{mix} /(kJ·mol⁻¹)	ΔS_{mix} /(J·mol⁻¹·K⁻¹)	T_m /K	Ω	P_d /MPa	温度 /K	文献
1	Ti-25V-xCr-(35-x)Mn	BCC	3.0515	136.60	5.55	-5.37	10.73	1914	3.82	0.024		
			3.0587	136.80	5.79	-5.27	10.97	1981	4.12	0.017	353	[37]
			3.0781	137.00	6.02	-5.33	10.14	2047	3.89	0.010		
2	Ti-xV-10Cr-(50-x)Mn	BCC	3.0433	137.82	5.57	-5.45	10.72	1908	3.75	0.75		
			3.0517	137.94	5.50	-5.13	10.69	1934	4.03	0.21	353	[38]
			3.0588	138.06	5.44	-4.79	10.56	1960	4.32	0.10		
3	Ti$_{16}$Zr$_5$Cr$_{22}$V$_{57-x}$Fe$_x$	BCC	3.022	135.85	-4.26	-3.20	9.81	2122	6.50	0.40		
			3.019	135.69	-4.81	-3.66	10.31	2115	5.95	0.66	298	[39]
			3.017	135.53	-5.33	-4.09	10.72	2108	5.52	0.83		
			3.012	135.37	-5.83	-4.51	11.06	2101	5.15	0.98		
4	Ti$_{10+x}$V$_{80-x}$Fe$_6$Zr$_4$	BCC	3.0617	136.47	5.08	-3.49	6.65	2107	4.01	0.170		
			3.0761	137.12	5.30	-3.80	7.23	2096	3.98	0.040	353	[40]
			3.0786	137.77	5.47	-4.07	7.65	2085	3.91	0.012		
5	V$_{0.505-x}$Ti$_{0.3}$Cr$_{0.12+x}$Mn$_{0.075}$	BCC	3.0750	136.95	5.00	-3.61	9.56	2050	5.42	0.04		
			3.0297	135.87	5.64	-4.98	10.64	2053	4.38	1.10	303	[41]
			3.0012	134.97	6.05	-5.94	10.14	2055	3.50	4.0		
6	V$_{35}$Ti$_x$Mn$_{65-x}$	BCC	3.019	135.25	0.19	-4.07	8.73	1828	3.92	0.68		
			3.020	136.05	0.22	-4.46	8.98	1849	3.72	0.25	303	[42]
			3.021	136.85	0.24	-4.69	9.06	1870	3.61	0.11		

表 6.5（续）

序号	合金	结构	晶格参数		δ /%	ΔH_{mix} /(kJ·mol⁻¹)	ΔS_{mix} /(J·mol⁻¹·K⁻¹)	T_m /K	Ω	P_d /MPa	温度 /K	文献
			$0.1a$/nm	$\bar{r}$/pm								
7	Ti₁.₀VₓMn₂₋ₓ	BCC	3.041	137.48	4.92	-4.33	8.98	1915	3.97	0.200		
			3.060	137.69	4.82	-3.73	8.64	1961	4.54	0.050	293	[43]
			3.066	137.87	4.70	-3.17	8.14	1999	5.13	0.008		
8	V₃₀-Ti-Cr-Fe	BCC	3.031	135.90	6.09	-7.24	10.89	2057	3.09	0.220		
			3.035	136.07	6.11	-7.23	10.89	2055	3.09	0.110	298	[44]
			3.039	136.25	6.11	-7.21	10.80	2054	3.07	0.080		
			3.042	136.43	6.12	-7.18	10.80	2053	3.08	0.045		
			3.048	136.58	6.12	-7.15	10.72	2052	3.07	0.030		
9	V₆₀-Ti-Cr	BCC	3.011	133.50	3.90	-2.67	7.47	2146	6.00	0.400		
			3.020	133.98	4.20	-2.90	7.69	2139	5.67	0.100	273	[25]
			3.035	134.64	4.41	-2.99	7.83	2132	5.58	0.015		
10	V₈₀-Ti-Cr	BCC	3.016	132.98	8.21	-1.42	4.82	2159	7.32	0.450		
			3.023	133.75	8.33	-1.49	5.07	2154	7.32	0.180	273	[25]
			3.034	134.32	7.98	-1.55	5.28	2147	7.31	0.028		
11	V-Ti-Cr-Fe-Mn	BCC	3.029	135.60	5.2	-6.04	11.43	2051	3.88	0.105		
			3.031	135.65	5.3	-7.02	10.85	2065	3.19	0.20	298	[45]
			3.036	135.70	5.0	-7.48	10.85	2036	2.95	0.06		

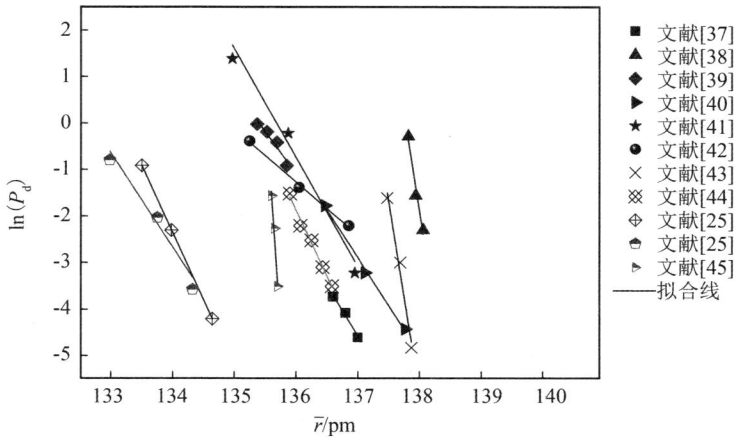

图 6.8　氢解吸平台压与平均原子半径之间的关系

表 6.6　文献报告的合金 P_d 的实验值和使用本研究提出的模型计算得出的值

合金	P_d 实验值 /MPa	P_d 计算值 /MPa	温度 /K	文献
$V_{55}Fe_{6.4}Ti_{22.5}Cr_{16.1}$	0.03	0.05	298	[20]
$V_{55}Fe_{6.4}Ti_{21.5}Cr_{17.1}$	0.06	0.07		
$V_{55}Fe_{6.4}Ti_{20.5}Cr_{18.1}$	0.10	0.09		
$V_{55}Fe_{6.4}Ti_{19.5}Cr_{19.1}$	0.18	0.12		
$V_{55}Fe_{6.4}Ti_{18.5}Cr_{20.1}$	0.28	0.20		
$V_{42}Fe_{8.3}Ti_{29}Cr_{20.7}$	0.06	0.08	298	[20]
$V_{42}Fe_{8.3}Ti_{28}Cr_{21.7}$	0.09	0.10		
$V_{42}Fe_{8.3}Ti_{27}Cr_{22.7}$	0.15	0.13		
$V_{42}Fe_{8.3}Ti_{26}Cr_{23.7}$	0.25	0.17		
$V_{42}Fe_{8.3}Ti_{25}Cr_{24.7}$	0.36	0.22		
$V_{30}Fe_{10}Ti_{31}Cr_{29}$	0.30	0.31		
$V_{30}Fe_{10}Ti_{33}Cr_{27}$	0.16	0.18		
$V_{30}Fe_{10}Ti_{35}Cr_{25}$	0.09	0.11		
$V_{30}Fe_{10}Ti_{37}Cr_{23}$	0.05	0.06		
$V_{30}Fe_{10}Ti_{39}Cr_{21}$	0.02	0.03		
$V_{40}Fe_{8}Ti_{28.4}Cr_{23.6}$	0.09	0.12	298	[25]
$V_{40}Fe_{8}Ti_{27.2}Cr_{24.8}$	0.14	0.16		

表 6.6（续）

合金	P_d 实验值 /MPa	P_d 计算值 /MPa	温度 /K	文献
$V_{40}Fe_8Ti_{26.6}Cr_{25.4}$	0.18	0.19		
$V_{40}Fe_8Ti_{26}Cr_{26}$	0.24	0.22		
$V_{40}Fe_8Ti_{25.3}Cr_{26.7}$	0.30	0.27		
$V_{40}Fe_6Ti_{30}Cr_{24}$	0.06	0.07	298	[33]
	0.15	0.19	318	
	0.40	0.44	338	
	1.00	1.30	368	
$V_{40}Fe_6Ti_{29}Cr_{25}$	0.07	0.09	298	[33]
	0.22	0.24	318	
	0.60	0.56	338	
	1.30	1.60	368	
$V_{40}Fe_6Ti_{28}Cr_{26}$	0.15	0.11	298	[33]
	0.30	0.30	318	
	1.00	0.70	338	
	2.20	2.01	368	
$V_{40}Fe_6Ti_{27}Cr_{27}$	0.28	0.15	298	[33]
	0.47	0.38	318	
	1.20	0.86	338	
	3.50	2.46	368	
$V_{39}Fe_8Ti_{26.5}Cr_{26.5}$	0.33	0.23	298	[28]
$V_{39}Fe_8Ti_{28.6}Cr_{24.4}$	0.20	0.14		
$V_{39}Fe_8Ti_{30.6}Cr_{22.4}$	0.09	0.08		
$V_{40}Ti_{25}Cr_{35}$	0.45	0.34	313	[27]
$V_{40}Ti_{26}Cr_{34}$	0.35	0.27	313	
$V_{40}Ti_{28}Cr_{32}$	0.20	0.17	313	
$V_{40}Ti_{30}Cr_{30}$	0.13	0.10	313	
$V_{48}Fe_{12}Ti_{15}Cr_{25}$	0.793	1.05	295	本研究
	2.080	2.77	315	
	4.415	5.58	335	

表 6.6（续）

$V_{48}Fe_{12}Ti_{20}Cr_{20}$	0.340	0.35	295	
	0.770	0.84	315	
	2.290	1.83	335	
$V_{48}Fe_{12}Ti_{25}Cr_{15}$	0.210	0.10	295	
	0.550	0.26	315	
	1.030	0.60	335	
$V_{48}Fe_{12}Ti_{30}Cr_{10}$	0.030	0.03	295	
	0.070	0.07	315	
	0.180	0.19	335	
Ti-24V-10Cr-26Mn	0.55	0.41	353	[38]
Ti-28V-10Cr-22Mn	0.21	0.26	353	
Ti-32V-10Cr-18Mn	0.11	0.14	353	
$Ti_{16}Zr_5Cr_{22}V_{55}Fe_2$	0.40	0.31	298	[39]
$Ti_{16}Zr_5Cr_{22}V_{53}Fe_4$	0.66	0.46		
$Ti_{16}Zr_5Cr_{22}V_{51}Fe_6$	0.83	0.70		
$Ti_{16}Zr_5Cr_{22}V_{49}Fe_8$	0.98	1.07		
$Ti_{15}V_{75}Fe_6Zr_4$	0.17	0.09	353	[40]
$Ti_{20}V_{70}Fe_6Zr_4$	0.04	0.05		
$Ti_{25}V_{65}Fe_6Zr_4$	0.012	0.03		
$V_{0.505}Ti_{0.3}Cr_{0.12}Mn_{0.075}$	0.02	0.01	303	[41]
$V_{0.325}Ti_{0.3}Cr_{0.3}Mn_{0.075}$	0.11	0.14		
$V_{0.175}Ti_{0.3}Cr_{0.45}Mn_{0.075}$	1.56	1.33		
$V_{35}Ti_{20}Mn_{45}$	0.68	1.06	303	[42]
$V_{35}Ti_{25}Mn_{40}$	0.25	0.32		
$V_{35}Ti_{30}Mn_{35}$	0.11	0.10		
$Ti_{1.0}V_{1.2}Mn_{0.8}$	0.200	0.10	293	[43]
$Ti_{1.0}V_{1.4}Mn_{0.6}$	0.050	0.034		
$Ti_{1.0}V_{1.6}Mn_{0.4}$	0.008	0.01		
$V_{30}Ti_{33.2}Cr_{26.3}Fe_{10.5}$	0.22	0.19	298	[44]
$V_{30}Ti_{34.1}Cr_{25.6}Fe_{10.3}$	0.13	0.14	298	[44]

表 6.6（续）

合金	P_d 实验值/MPa	P_d 计算值/MPa	温度/K	文献
$V_{30}Ti_{35}Cr_{25}Fe_{10}$	0.09	0.11	298	[44]
$V_{30}Ti_{35.4}Cr_{25.6}Fe_{9.76}$	0.07	0.10	298	[44]
$V_{30}Ti_{34.1}Cr_{25.6}Fe_{10.3}$	0.05	0.07	298	[44]
$V_{60}Ti_{10}Cr_{30}$	0.400	0.11	273	[25]
$V_{60}Ti_{12.5}Cr_{27.5}$	0.100	0.06	273	[25]
$V_{60}Ti_{16}Cr_{24}$	0.015	0.02	273	[25]
$V_{35}Ti_{30}Cr_{25}Fe_5Mn_5$	0.105	0.13	298	[25]
$V_{35}Ti_{30}Cr_{25}Fe_{10}$	0.20	0.19	298	[25]
$V_{35}Ti_{30}Cr_{25}Mn_{10}$	0.06	0.09	298	[45]

为了进一步验证式（6.11）对 BCC 结构固溶储氢合金的适用性，采用电弧熔炼法制备三种多组分合金样品，即 $V_{35}Ti_{35}Cr_{20}Fe_{10}$、$V_{35}Ti_{35}Cr_{10}Fe_{10}Mn_{10}$ 和 $V_{35}Ti_{35}Cr_{10}Fe_{10}Co_{10}$。图 6.9（a）、（c）和（e）显示了三种合金的 XRD 图谱。结果表明，$V_{35}Ti_{35}Cr_{20}Fe_{10}$ 和 $V_{35}Ti_{35}Cr_{10}Fe_{10}Co_{10}$ 合金是单一的 BCC 固溶相。$V_{35}Ti_{35}Cr_{10}Fe_{10}Mn_{10}$ 合金的显微结构由大量 BCC 基体和少量 Laves 金属间化合物组成。值得一提的是，在 $V_{35}Ti_{35}Cr_{10}Fe_{10}Mn_{10}$ 合金的 XRD 图谱中观察到的 Laves 金属间相的衍射峰很弱，表明其体积分数很低。通过 SEM-EDS 分析确定了 BCC 基体的化学成分，$V_{35}Ti_{35}Cr_{10}Fe_{10}Mn_{10}$ 的化学成分为 $V_{37.61}Ti_{33.96}Cr_{10.41}Fe_{8.77}Mn_{9.25}$。BCC 基体的成分被用来计算 P_d。样品完全活化后，在 $0.01 \sim 5$ MPa 不同氢气压力的解吸条件下，得到了不同温度下的 PCI 曲线，如图 6.9（b）、（d）和（f）所示。表 6.7 列出了 P_d 的实验值和计算值。可以看出，在这里测试的三种合金中，实验结果与计算值的一致性非常好。例如，在 295、315 和 335 K 下，$V_{35}Ti_{35}Cr_{10}Fe_{10}Mn_{10}$ 合金的 P_d 分别为 0.050（0.047），0.082（0.095），0.200（0.230）MPa，括号中的值为实验值。上述研究结果表明，著者提出的预测 BCC 固溶体合金 P_d 的数学模型非常可靠。计算值与实验结果非常吻合表明，该模型可作为合理精确计算 P_d 的基础，也是合金设计和高通量计算的有力工具。然而，还有一些重要方面需要指出，因为这对今后的进一步研究非常重要。

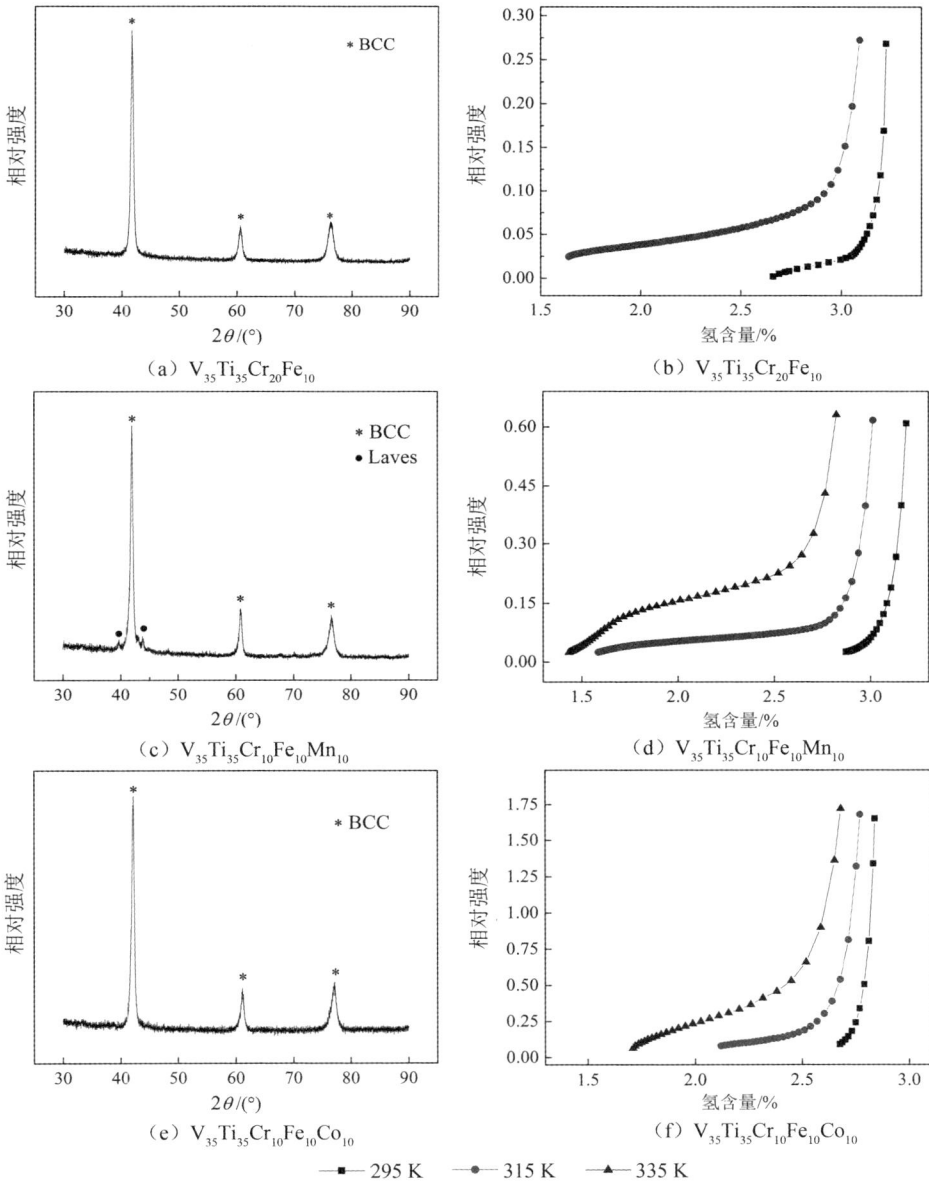

（a）$V_{35}Ti_{35}Cr_{20}Fe_{10}$

（b）$V_{35}Ti_{35}Cr_{20}Fe_{10}$

（c）$V_{35}Ti_{35}Cr_{10}Fe_{10}Mn_{10}$

（d）$V_{35}Ti_{35}Cr_{10}Fe_{10}Mn_{10}$

（e）$V_{35}Ti_{35}Cr_{10}Fe_{10}Co_{10}$

（f）$V_{35}Ti_{35}Cr_{10}Fe_{10}Co_{10}$

■— 295 K　●— 315 K　▲— 335 K

图 6.9　$V_{35}Ti_{35}Cr_{20}Fe_{10}$，$V_{35}Ti_{35}Cr_{10}Fe_{10}Mn_{10}$，$V_{35}Ti_{35}Cr_{10}Fe_{10}Co_{10}$
合金的 **XRD** 图谱及 **PCI** 曲线

表 6.7　本研究中三种合金的 P_d 实验值和计算值

合金	$\bar{r}$ /pm	a/nm	P_d 实验值 /MPa	P_d 计算值 /MPa	温度 /K
$V_{35}Ti_{35}Cr_{20}Fe_{10}$	136.55	0.3056	0.026	0.037	295
			0.093	0.101	315
$V_{35}Ti_{35}Cr_{10}Fe_{10}Mn_{10}$	136.35	0.3048	0.050	0.047	295
			0.082	0.095	315
			0.200	0.230	335
$V_{35}Ti_{35}Cr_{10}Fe_{10}Co_{10}$	136.25	0.3033	0.094	0.089	295
			0.205	0.230	315
			0.452	0.530	335

　　首先，本书提出的模型无法准确预测某些具有 BCC 结构的低构型熵合金或金属。例如：纯钒在 298 K 时的 P_d 约为 0.28 MPa[46-47]，而计算值为 0.013 MPa；$V_{80}Ti_3Cr_{17}$、$V_{80}Ti_5Cr_{15}$ 和 $V_{80}Ti_8Cr_{12}$ 合金在 273 K 时的 P_d 实验值分别为 0.450，0.180，0.028 MPa，而计算值分别为 0.03，0.018，0.008 MPa[25]。这说明本书提出的数学模型并不适用于所有 BCC 结构合金或金属。为了明确模型的适用范围，著者使用合金的构型熵 ΔS_{mix} 作为判断标准。以表 6.4 中的数据为统计样本，对 ΔS_{mix} 与 P_d 实验值和计算值之间的关系进行了统计调查，如图 6.10 所示。图中开口四方块图形代表实验数据，实验值与计算值之差代表误差条。U_r 为相对不确定度，计算公式如下：

$$U_r = \frac{|P_e - P_c|}{P_e} \tag{6.12}$$

其中，P_e 和 P_c 分别为实验值和计算值。从图 6.10 中可以看出，随着 ΔS_{mix} 的减小，U_r 逐渐增大，表明计算精度逐渐降低。当合金的 ΔS_{mix} 小于 $0.8R$ 时，U_r 超过0.5。这说明该模型适用于合金的构型熵大于 $0.8R$ 的情况。也就是说，对于高熵合金、中熵合金和一些低熵合金，本书提出的模型是科学准确的。在 ΔS_{mix} 接近零的过程中，模型逐渐失效。

　　其次，本书提出的数学模型仅适用于计算二氢化物转化为一氢化物的 $P_d(\gamma \rightarrow \beta)$。因为在室温下，一氢化物相转变为固溶相的 $P_d(\beta \rightarrow \alpha)$ 非常低，约为 0.01 Pa[46-47]。因此，在一般实验条件下很难获得准确的数据，而在工程领域，预测 $\gamma \rightarrow \beta$ 的平台压力更为实用和有意义。

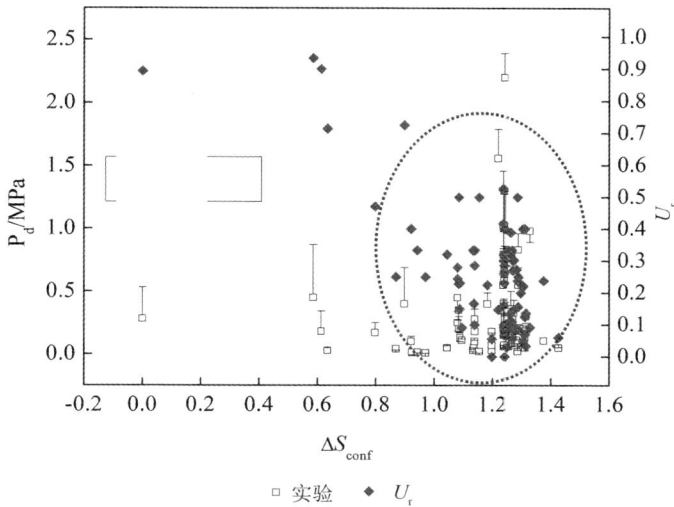

图 6.10　基于 BCC 结构合金(金属)构型熵的 P_d 的实验和计算统计图

6.2　模型意义

在这项工作中，著者提出了一个数学模型，用于计算 BCC 结构固溶体储氢合金的氢解吸平台压。该模型是一个与工作温度、平均原子半径等有关的指数函数。使用该模型可以轻松方便地计算出合金的氢解吸平台压。将该模型应用于三种 BCC 多组分合金，并比较了计算值和实验值。结果表明，计算值与实验值十分吻合。通过对报告合金和实验合金的数据进行统计分析，得出了模型的适用范围。在合金的构型熵大于 $0.8R$ 的范围内，模型得到的计算值相当准确。该模型有助于未来设计所有 BCC 结构固溶合金，尤其是中熵合金、高熵合金，用于氢储存系统，实现低成本和高解吸效率。

参考文献

[1]　COHEN R L, WEST K W, WERNICK J H. Degradation of LaNi₅ by temperature-induced cycling[J]. Journal of the less common metals, 1980, 73(2): 273-279.

[2]　JUNG J Y, LEE S I, FAISAL M, et al. Effect of Cr addition on room temperature hydrogenation of TiFe alloys[J]. International journal of hydrogen energy, 2021, 46(37): 19478-19485.

[3]　EDALATI K, UEHIRO R, IKEDA Y, et al. Design and synthesis of a magnesium alloy for room temperature hydrogen storage[J]. Acta materialia, 2018, 149: 88-96.

[4]　CHEN P, ZHU M. Recent progress in hydrogen storage[J]. Mater today,

2008, 11：36-43.

［5］ BALCERZAK M. Structure and hydrogen storage properties of mechanically al-loyed Ti-V alloys［J］. International journal of hydrogen energy, 2017, 42：23698-23707.

［6］ LUO L, LI Y Z, ZHAI T T, et al. Microstructure and hydrogen storage proper-ties of $V_{48}Fe_{12}Ti_{15-x}Cr_{25}Al_x(x=0, 1)$ alloys［J］. Int J hydrogen energy, 2019, 44(36)：25188-25198.

［7］ YEH J W, CHEN S K, LIN S J, et al. Nanostructured high-entropy alloys with multiple principal elements：novel alloy design concepts and outcomes ［J］. Adv. Eng. Mater,2004(6):299-303.

［8］ CANTOR B, CHANG I T H, KNIGHT P, et al. Microstructural development in equiatomic multicomponent alloys［J］. Materials science and engineering：A, 2004：375-377.

［9］ MONTERO J, EK G, LAVERSENNE L, et al. Hydrogen storage properties of the refractory Ti-V-Zr-Nb-Ta multi-principal element alloy［J］. Journal of alloys and compounds, 2020, 835：155376.

［10］ MONTERO J, GUSTAV E K, SAHLBERG M, et al. Improving the hydrogen cycling properties by Mg addition in Ti-V-Zr-Nb refractory high entropy alloy ［J］. Scripta materialia, 2021, 194：113699.

［11］ KAO Y F, CHEN S K, SHEU J H, et al. Hydrogen storage properties of multi-principal-component $CoFeMnTi_xV_yZr_z$ alloys ［J］. Int J hydrogen energy, 2010, 35：9046-9059.

［12］ KUNCE I, POLANSKI M, BYSTRZYCKI J. Structure and hydrogen storage properties of a high entropy ZrTiVCrFeNi alloy synthesized using Laser Engi-neered Net Shaping(LENS)［J］. International journal of hydrogen energy, 2013, 38(27)：12180-12189.

［13］ KUNCE I, POLANSKI M, CZUJKO T. Microstructures and hydrogen storage properties of La-Ni-Fe-V-Mn alloys［J］. Int J hydrogen energy, 2017, 42 (44)：27154-27164.

［14］ YANG S, YANG F, WU C L, et al. Hydrogen storage and cyclic properties of(VFe)60(TiCrCo)$_{40-x}$Zr$_x$(0≤x≤2)alloys［J］. Journal of alloys and com-pounds, 2016, 633：460-465.

［15］ SEO C Y, KIM J H, LEE P S, et al. Hydrogen storage properties of vanadi-um-based b.c.c. solid solution metal hydrides［J］. Journal of alloys and compounds, 2003, 348(1-2): 252-257.

[16] TSUKAHARA M. Hydrogenation properties of vanadium-based alloys with large hydrogen storage capacity[J]. Materials transactions, 2011, 52: 68-72.

[17] YU X B, WU Z, LI F, et al. Body-centered-cubic phase hydrogen storage alloy with improved capacity and fast activation[J]. Appl. Phys. Lett, 2004, 84: 3199-3201.

[18] ULMER U, ASANO K, PATYK A, et al. Cost reduction possibilities of vanadium-based solid solutions-microstructural, thermodynamic, cyclic and environmental effects of ferrovanadium substitution[J]. J Alloys Compd, 2015, 648: 1024-1030.

[19] YAN Y G, CHEN Y G, ZHOU X X, et al. Some factors influencing the hydrogen storage properties of 30V-Ti-Cr-Fe alloys[J]. J Alloy Compd, 2008, 453: 428-432.

[20] YAN Y G, CHEN Y G, LIANG H, et al. Hydrogen storage properties of V-Fe-Ti-Cr alloys[J]. J Alloy Compd., 2008, 454(1-2): 427-431.

[21] SATYAPAL S, PETROVIC J, READ C, et al. Department of energy's national hydrogen storage project: progress towards meeting hydrogen-powered vehicle requirements[J]. Catalysis today, 2007, 120: 246-256.

[22] SONG X P, PEI P, ZHANG P L, et al. The influence of alloy elements on the hydrogen storage properties in vanadium-based solid solution alloys[J]. J Alloy Compd. 455(2008)392-339.

[23] YOO J H, SHIM G C, CHO S W, et al. Effects of desorption temperature and substitution of Fe for Cr on the hydrogen storage properties of $V_{25}Ti_{32}Cr_{43}$ alloy [J]. International journal of hydrogen energy, 2007, 32 (14): 2977-2981.

[24] TOWATA S I, NORITAKE T, ITOH A, et al. Effect of partial niobium and iron substitution on short-term cycle durability of hydrogen storage Ti-Cr-V alloys[J]. International journal of hydrogen energy, 2013, 38: 3024-3029.

[25] KURIIWA T, MARUYAMA T, KAMEGAWA A, et al. Effects of V content on hydrogen storage properties of V-Ti-Cr alloys with high desorption pressure [J]. International journal of hydrogen energy, 2010, 35(17): 9082-9087.

[26] TONG G R, CHEN Y G, WU C L, et al. The structures and hydrogen absorption-desorption properties of V_{40}-Fe_8-Ti-Cr (Ti/Cr = 0.95 ~ 1.20) alloys [J]. Rare metal materials and engineering, 2009, 38(5): 816-820.

[27] AKIBA E, IBA H. Hydrogen absorption by laves phase related BCC solid solution[J]. Intermetallics, 1998, 6: 461-470.

[28] CHO S W, PARK C N, YOO J H, et al. Hydrogen absorption-desorption characteristics of $Ti_{(0.22+x)} Cr_{(0.28+1.5x)} V_{(0.5-2.5x)}$ ($0 \leqslant x \leqslant 0.12$) alloys[J]. Journal of alloys and compounds, 2005, 403(1-2): 262-266.

[29] MAO Y, YANG S, WU C L, et al. Preparation of $(FeV_{80})_{48}Ti_{26}+xCr_{26}$ ($x = 0 \sim 4$) alloys by the hydride sintering method and their hydrogen storage performance[J]. Journal of alloys and compounds, 2017, 705: 533-538.

[30] ZHOU Y, ZHOU D, JIN X, et al. Design of non-equiatomic medium entropy alloys[J]. Scientific reports, 2018, 8: 1236.

[31] CHO S W, HAN C S, PARK C N, et al. The hydrogen storage characteristics of Ti-Cr-V alloys[J]. Journal of alloys and compounds, 1999, 288: 294-298.

[32] GRIESSEN R, RIESTERER T. Heat of formation models, in: L. Schlapbach (Ed.), Hydrogen in Intermetallic Compounds I [M]. Topics in Applied Physics, vol 63, Springer, Berlin, Heidelberg, 1988:219-284.

[33] HU H Z, MA C M, CHEN Q J. Mechanism and microstructural evolution of TiCrVFe hydrogen storage alloys upon de-/hydrogenation [J]. Journal of alloys and compounds, 2021, 877: 160315.

[34] YANG X, ZHANG Y. Prediction of high-entropy stabilized solid-solution in multi-component alloys[J]. Materials chemistry and physics, 2012, 132: 233-238.

[35] KITTEL C. Introduction to solid state physics[M]. seventh ed. New York: Wiley, 1996.

[36] TAN S S, XIONG F Y, WANG J J, et al. Crystal regulation towards rechargeable magnesium battery cathode materials [J]. Materials horizons, 2020, 7(8): 1971-1995.

[37] YU X B, CHEN J Z, WU Z, et al. Effect of Cr content on hydrogen storage properties for Ti-V-based BCC-phase alloys[J]. International journal of hydrogen energy, 2004, 29: 1377-1381.

[38] YU X B, WU Z, XIA B J, et al. Enhancement of hydrogen storage capacity of Ti-V-Cr-Mn BCC phase alloys [J]. Journal of alloys and compounds, 2004, 372: 272-277.

[39] HANG Z M, XIAO X Z, YU K R, et al. Influence of Fe content on the mi-

crostructure and hydrogen storage properties of $Ti_{16}Zr_5Cr_{22}V_{57-x}Fe_x$($x = 2 \sim 8$) alloys[J]. International journal of hydrogen energy, 2010, 35: 8143-8148.

[40]　HANG Z M, CHEN L X, XIAO X Z, et al. Microstructure and hydrogen storage properties of $Ti_{10-x}V_{80-x}Fe_6Zr_4$($x = 0 \sim 15$) alloys[J]. International journal of hydrogen energy, 2021, 46: 27622-27630.

[41]　SEO C Y, KIM J H, LEE P S, et al. Hydrogen storage properties of vanadium-based b.c.c. solid solution metal hydrides[J]. Journal of alloys and compounds, 2003, 348: 252-257.

[42]　CHEN R R, CHEN X Y, DING X, et al. Effects of Ti/Mn ratio on microstructure and hydrogen storage properties of Ti-V-Mn alloys[J]. Journal of alloys and compounds, 2018, 748: 171-178.

[43]　DU S L, WANG X H, CHEN L X, et al. Microstructure and hydrogen storage properties of $Ti_{1.0}V_xMn_{2-x}$($x = 0.6 \sim 1.6$) Alloys[J]. Rare metal materials and engineering, 2006, 35(8): 1285-1288.

[44]　YAN Y G, CHEN Y G, LIANG H, et al. Hydrogen storage properties of V_{30}-Ti-Cr-Fe alloys[J]. Journal of alloys and compounds, 2007, 427: 110-114.

[45]　LIU J J, XU J, SLEIMAN S, et al. Microstructure and hydrogen storage properties of Ti-V-Cr based BCC-type high entropy alloys[J]. International journal of hydrogen energy, 2021, 46: 28709-28718.

[46]　KUMAR S, JAIN A, ICHIKAWA T, et al. Development of vanadium based hydrogen storage material: a review[J/OL]. Renewable and sustainable energy reviews, 2017(72): 791-800[2024-10-05]. http://dx.doi.org/10.1016/j.rser.2017.01.063.

[47]　PENG Z Y, LI Q, OUYANG L Z, et al. Overview of hydrogen compression materials based on a three-stage metal hydride hydrogen compressor[J/OL]. Journal of alloys and compounds, 2022,895:162465[2024-10-06].https://doi.org/10.1016/j.jallcom.2021.162465.

第7章

复合储氢合金的微观结构与电化学性能

高熵合金是新型材料，在能源应用方面有巨大潜力，然而通过传统方法制备得到的复合合金材料也有独特的性能，具有巨大的应用前景。稀土基 LaNi₅ 型储氢合金是具有 CaCu₅ 型晶格结构的金属间化合物，活化容易，平台压力适中且平坦，吸放氢平衡压差小，动力学性能优良，是目前国内外镍氢电池生产中应用最为广泛的电池负极材料[1]。但是其储氢量低(质量分数为 1.4%)是限制其应用的主要因素。VBA 具有电化学容量高(实际放电容量达 420 mAh/g)、活化容易等特点，但缺点是循环寿命较短[2-3]，而且价格较贵（大约 400 $/kg[4]）所以利用商业化的 80VFe 做替代是个很好的选择。

有研究结果表明，机械球磨可使储氢合金形成纳米晶、非晶化，产生的高密度晶界可以大大改善氢化物的形成和分解条件，从而提高合金在室温下的电化学及吸放氢性能[5-12]。本章通过真空感应熔炼制得 MlNi₃.₅₅Co₀.₇₅Mn₀.₄Al₀.₃ 合金，用机械球磨的方法合成了 MlNi₃.₅₅Co₀.₇₅Mn₀.₄Al₀.₃+x%VFe 的复合储氢合金，复合材料具有独特的微观结构和电化学性能，这对下一步进行高熵合金复合材料的制备起到了很好的指导作用。

7.1 实验材料和实验方法

7.1.1 复合储氢材料和电极的制备

MlNi₃.₅₅Co₀.₇₅Mn₀.₄Al₀.₃ 储氢合金在高纯氩气保护的真空感应炉中熔炼制得，其中 Ml 为化学计量比 La₀.₈₅Ce₀.₁₀₅Pr₀.₀₁₂Nd₀.₀₃₃。将制备的 AB₅ 合金和商业化的 80VFe 机械粉碎至 200 目，按照设计质量比混合均匀，放入不锈钢球磨罐(球料比 3:1)中，其中 φ6、φ10、φ20 的三种不锈钢球根据质量比 1:1:1 进行配置，球总重 300 g，料重 100 g，抽真空，再充入高纯氩气球磨。球磨机转速 300 r/min，球磨机每运行 2 h 停机 20 min，以控制球磨罐的温度。实验制备了 MlNi₃.₅₅Co₀.₇₅Mn₀.₄Al₀.₃+x% VFe(x=5，10，15，20) 不同 VFe 含量，球磨不同时间 t(5，10，15 h) 的系列合金粉。

分别称取制得的合金粉末 0.2 g 与 Ni 粉 0.4 g 混合均匀后，在 10 MPa 的压力下冷压成直径为 10 mm、厚度为 0.9 mm 的电极片，取出称重，按照比例计算电极片中实际合金含量。

7.1.2　结构与形貌分析

XRD 分析采用荷兰帕纳科公司生产的 X' Pert Pro X 射线多晶粉末衍射仪，测试条件为：采用 Cu-Kα 射线，连续扫描，扫描速度为 6 (°)/min，步长0.02°，扫描范围为 10°~90°。利用 HITACHIS-4800 扫描电子显微镜观察分析合金的表面形貌结构。

7.1.3　电化学性能测试

储氢合金电极的活化性能、电化学容量等电化学性能测试均采用恒电流充放电方式进行，合金电极与烧结的 $Ni(OH)_2/NiOOH$ 电极组成开口式电池，在 NEWWARE BTS(5V 1A)型电池测试仪上进行测试，电解液为 6 mol/L 的 KOH 溶液，水浴温度 298 K，充电电流 70 mA/g，充电时间 6 h，充电结束静置 10 min，合金电极电位稳定后开始放电，放电电流与充电电流相同，放电截止点位−0.6 V(Hg/HgO)，当合金电极放电容量达到最大值时，认为该合金完全活化，并记此时的放电容量为最大放电容量 C_{max}。

储氢合金的氢扩散系数采用恒电流阶跃法，恒电流阶跃法连续应用时称为恒电流间歇滴定法(GITT)，其基本原理图如图 7.1 所示。

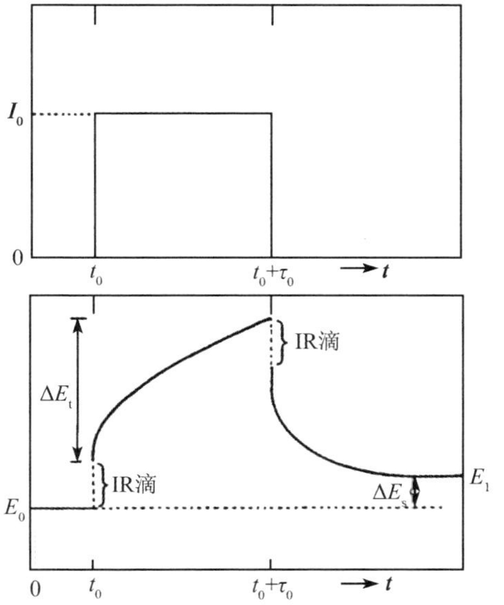

图 7.1　恒电流间歇滴定法原理图

通电过程中和断电后电极电位随时间变化的关系分别如式(7.1)和式(7.2)所示：

$$\frac{dE}{d\sqrt{t}} = \frac{2I_0 V_m}{nFS\sqrt{\pi D}}\left(\frac{dE}{dn}\right) \tag{7.1}$$

$$\Delta E = \frac{I_0 V_m \tau_0 \left(\dfrac{dE}{dn}\right)}{FS\sqrt{\pi Dt}} \tag{7.2}$$

式中，I_0 为脉冲电流，V_m 为金属氢化物的摩尔体积，τ_0 为脉冲电流持续时间。由式（7.1）和式（7.2）可知，通电过程中电极电位与时间的平方根成线性关系，断电过程中电极电位与时间平方根的倒数成线性关系。因此，由通电过程中 ΔE-$t^{1/2}$ 的斜率或断电后 ΔE-$t^{-1/2}$ 的斜率可求得扩散系数 D。

合金完全活化后，将合金电极以 70 mA/g 电流充电 6 h，静置 10 min 后以同样的电流放电至放电深度 50%，静置 30 min 待电极电位稳定后，对合金电极进行 GITT 测试，脉冲电流为 30 mA，持续时间为 20 s，断电后持续时间为 20 s。

电化学测试在 AutoLab37 PGSTAT30 型电化学工作站的三电极系统中进行。研究电极为储氢合金电极，辅助电极为烧结的 Ni(OH)$_2$/NiOOH 电极，参比电极为 Hg/HgO 电极，电解液为 6 mol/L 的 KOH 溶液，水浴温度 298 K。

7.2 微观结构及电化学性能

7.2.1 微观结构分析

图 7.2 是 MlNi$_{3.55}$Co$_{0.75}$Mn$_{0.4}$Al$_{0.3}$+x%VFe 粉（x = 5，10，15，20）（为行文方便，下文中统一用 AB$_5$+x%VFe 代表）球磨 15 h 后的 XRD 谱图。从图中可以看到，合金主相仍为 LaNi$_5$，VFe 相衍射峰的相对强度随 x 的增加而逐渐增加，表明 VFe 相的丰度随着 x 增加而逐渐增加。衍射峰已稍微宽化，这是在球磨过程中的机械应力和晶粒细化所致。

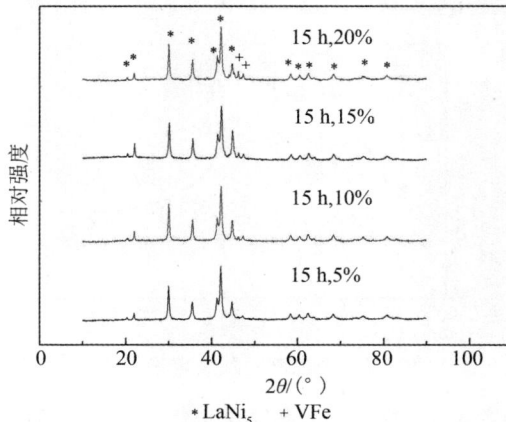

图 7.2　球磨 15 h 的 XRD 谱图

在衍射图谱已经指数化的基础之上，可以通过布拉格方程和六角晶系晶面间距公式来计算点阵常数：

$$\frac{1}{d_{hkl}^2} = \frac{4}{3}\frac{H^2+HK+K^2}{a^2} + \frac{L^2}{c^2} \tag{7.3}$$

由式(7.3)得出六方晶系的点阵常数计算公式：

$$\sin^2\theta = \frac{\lambda^2}{3a^2}(H^2+HK+K^2) + \frac{\lambda^2}{4c^2}L^2 \tag{7.4}$$

晶胞体积计算公式为

$$V = \frac{\sqrt{3}}{2}a^2c \tag{7.5}$$

其中，H、K、L 为晶面指数；a、c 为点阵常数；V 为晶胞体积；θ 是布拉格衍射角；λ 为 Cu 靶 $K_{\alpha 1}$ 的波长。

通过式(7.3)至(7.5)，用最小二乘法计算出 $MlNi_{3.55}Co_{0.75}Mn_{0.4}Al_{0.3} + x\%VFe$ 储氢合金主相的晶胞参数，见表 7.1。通过表 7.1 可以发现，用 VFe 与合金进行复合后，合金晶胞参数并没有很明显的规律性。

表 7.1　$AB_5 + x\%VFe$ 合金的晶胞参数

x, t	0.1 a(nm)	0.1 c(nm)	0.1 V(nm³)	c/a
原合金	4.921(9)	4.276(5)	89.721(3)	0.868(1)
5, 0	4.920(5)	4.275(6)	89.649(1)	0.868(1)
5, 5	4.923(1)	4.274(5)	89.717(2)	0.868(1)
5, 10	4.930(1)	4.274(1)	89.965(6)	0.866(3)
5, 15	4.930(5)	4.274(2)	89.984(4)	0.866(1)
5, 20	5.041(1)	4.273(8)	94.054(1)	0.847(8)
10, 0	4.918(9)	4.274(5)	89.567(8)	0.869(1)
10, 5	4.923(2)	4.274(4)	90.089(3)	0.868(2)
10, 10	4.924(2)	4.275(4)	89.760(9)	0.868(2)
10, 15	4.927(7)	4.275(1)	89.899(1)	0.867(5)
10, 20	5.056(2)	4.280(1)	94.761(7)	0.868(1)
15, 0	4.919(5)	4.275(5)	89.610(6)	0.869(1)
15, 5	4.925(6)	4.273(6)	89.793(1)	0.867(6)
15, 10	4.926(1)	4.276(4)	89.866(5)	0.868(1)
15, 15	4.931(1)	4.280(4)	90.133(2)	0.868(1)
15, 20	5.070(1)	4.226(5)	94.086(1)	0.833(6)

图 7.3 是 $AB_5+x\%VFe(x=5,10,15,20)$ 球磨 15 h 后的扫描电子显微镜照片。从中可以看出：当钒铁添加量较多($x>10$)时，复合物平均颗粒尺寸增大，这是由于钒铁的硬度较高，球磨后一部分钒铁没有磨细。图 7.4 是添加 AB_5+ 10%VFe 球磨 5，10，15 h 储氢合金 SEM 图像。随着球磨时间的延长，合金的颗粒尺寸逐渐减小，合金表面变得粗糙。

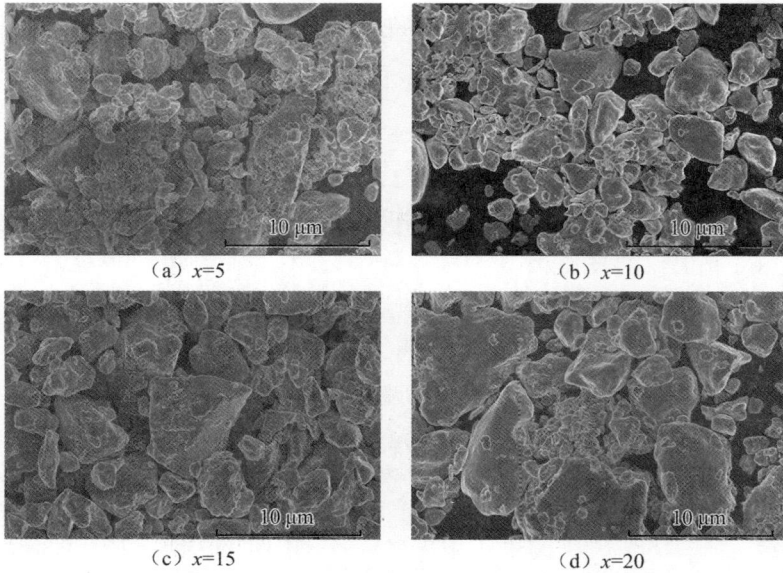

（a）$x=5$ （b）$x=10$

（c）$x=15$ （d）$x=20$

图 7.3　$AB_5+x\%VFe$ 复合储氢合金 SEM 图像

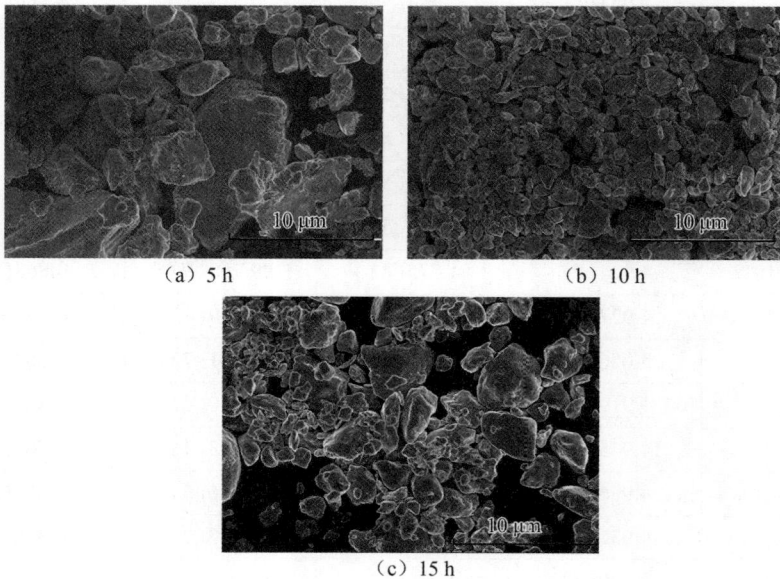

（a）5 h   （b）10 h

（c）15 h

图 7.4　$AB_5+10\%VFe$ 储氢合金电子显微镜图像

　　图 7.5 是 AB$_5$+10%VFe 球磨 15 h 储氢合金颗粒形貌及能谱分析，著者发现大颗粒就是基体相，在大颗粒上散乱分布的小颗粒大多是钒铁相，而类似于海绵状包裹于基体合金的就是复合相，其成分分析结果见表 7.2。

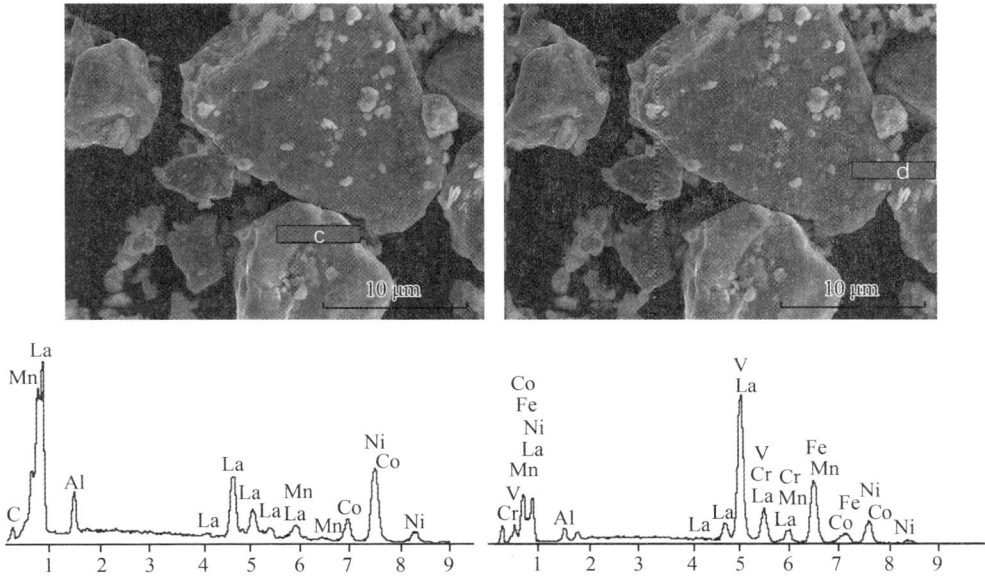

图 7.5　AB$_5$+10%VFe 球磨 15 h 复合型储氢合金 SEM 及 EDS 分析

表 7.2　AB$_5$+10VFe 球磨 15 h 的 EDS 结果

元素	复合相		基体相	
	质量比/%	原子比/%	质量比/%	原子比/%
La	8.95	3.66	28.76	11.49
Ni	17.44	16.87	48.63	45.96
Co	3.27	3.15	10.32	9.71
Mn	4.21	4.35	4.21	4.26
Al	1.17	2.46	3.40	6.98
V	33.56	37.40	—	—
Fe	28.76	29.23	—	—

7.2.2 电化学性能

所有添加钒铁的合金电极的放电比容量均在第二个循环达到最大值，活化性能很好。图7.6是合金最大容量与球磨时间及钒铁添加量的关系，从图中可以看到，随球磨时间的增加，合金放电容量逐渐提高。分析认为，这是因为球磨时间增加提高了合金化水平，合金粉末在高能球磨的作用下，不断地挤压变形，经断裂后再反复地冷焊而形成中间复合体，这种复合体在机械力的作用下不断有新晶界的产生，并使形成的层状结构细化，最终导致比表面积增加以及合金表面和内部缺陷增多，为氢原子扩散提供了便利的通道；同时，可以看到，随钒铁量 x 逐渐增加，最大放电容量 C_{max} 总体趋势为先增加后减少，在10%左右达到最大值，为310 mA·h/g。当VFe添加量低于10%时，钒铁合金化对放电容量的促进作用大于游离钒铁的副作用；当VFe添加量高于10%时，大量游离钒铁被碱性溶液腐蚀而导致其副作用大于合金化的促进作用，最终使合金电极最大放电容量持续下降。

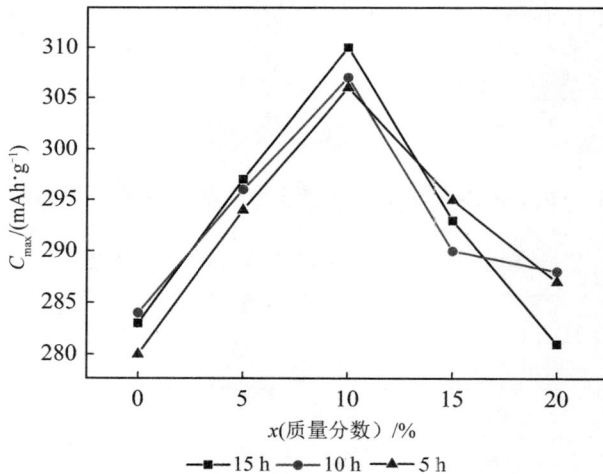

图7.6 最大放电容量 C_{max} 与钒铁添加量 x 的关系

7.2.3 动力学性能

在电化学测试得到恒电流间歇滴定曲线后，利用式（7.1）和式（7.2）可以计算出氢扩散系数，如图7.7所示。从图7.7可知，80%VFe的加入使得氢扩散系数变化的总趋势为先增大后减小，当80 VFe添加量小于10%时，氢扩散系数随其添加量增加而增大，10%左右的80 VFe添加量使氢扩散系数达到最大，三种球磨时间下的最大氢扩散系数分别为 7.5×10^{-11}，7.4×10^{-11}，$7.6\times10^{-11} cm^2/s$。当继续增加80VFe时，氢扩散系数急剧降低，这与容量的变化呈现出相似的规律性。随球磨时间延长，氢扩散系数略微增大，球磨时间对氢扩散的影响偏小。

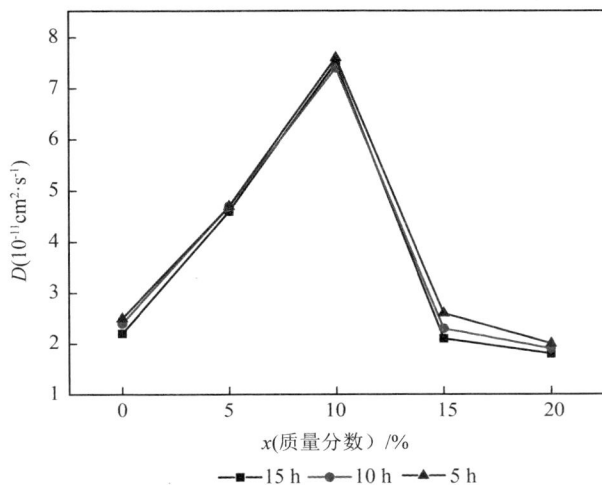

图 7.7 氢扩散系数与钒铁添加量 x 的关系

7.2.4 循环稳定性

图 7.8 是不同球磨时间的 $AB_5+10\%VFe$ 和 AB_5 储氢合金在 100 次循环下，放电容量和循环次数的关系曲线。可以看出，随着循环次数的增加，放电容量逐渐减小。但是四种合金的下降趋势存在明显区别。斜率越大，循环稳定性越差。一般用容量保持率来表示合金电极的循环稳定性，容量保持率 S_n 的计算公式为

$$S_n = \frac{C_n}{C_{max}} \times 100\% \qquad (7.6)$$

式中，C_n 为第 n 次循环的放电容量；C_{max} 为合金电极的最大放电容量。

图 7.9 是不同球磨时间下 $AB_5+10\%VFe$ 型储氢合金和 AB_5 储氢合金在 100 次循环后的容量保持率柱状图。可以看出，$AB_5+10\%VFe$ 球磨 10 h 的循环稳定性最好，容量保持率达 98%，纯 AB_5 合金也表现出非常好的循环稳定性，容量保持率为 96%。球磨时间对循环稳定性影响较大。综合来看，随着球磨时间的延长，合金的循环稳定性变差。合金粉过度细化导致在碱性溶液中容易氧化腐蚀，而且长时间的球磨也容易使合金中混入 Fe 杂质，从而降低合金的循环稳定性[7, 13-14]。

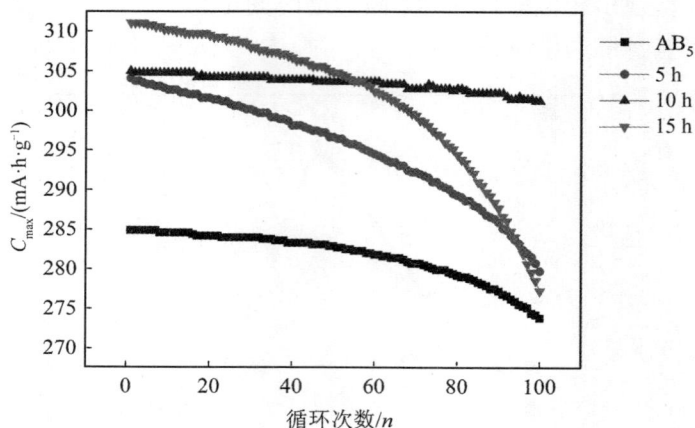

图 7.8　合金的循环稳定性曲线

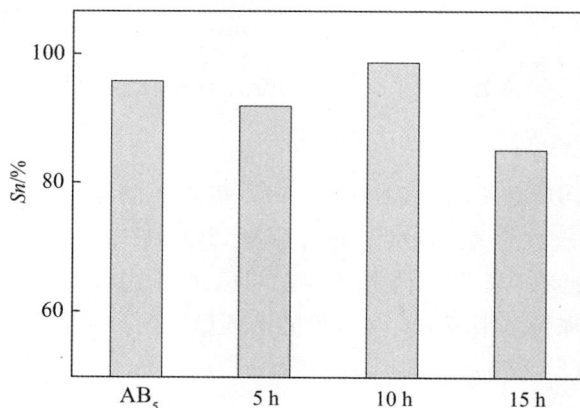

图 7.9　合金样品 100 次循环的容量保持率

7.3　小结

（1）机械球磨制备了 $MlNi_{3.55}Co_{0.75}Mn_{0.4}Al_{0.3}+x\%$ VFe 复合储氢合金，合金主相晶胞参数 a 及体积 V 随球磨时间增加而增加，c 基本不变。合金的颗粒尺寸逐渐减小，合金的放电容量逐渐提高。

（2）在球磨过程中，随着 VFe 添加量增加，复合物平均颗粒尺寸增大。随钒铁添加量 x 逐渐增加，最大放电容量 C_{max} 总体趋势为先增加后减少，在 10% 左右达到最大值，为 310 $mA \cdot h/g$。最大氢扩散系数为 7.6×10^{-11} cm^2/s。

（3）$MlNi_{3.55}Co_{0.75}Mn_{0.4}Al_{0.3}+10\%$ VFe 合金球磨 10 h 的循环稳定性非常好，100 次循环的容量保持率达 98%。

参考文献

[1]　CHEN R R, CHEN X Y, DING X, et al. Effects of Ti/Mn ratio on micro-structure and hydrogen storage properties of Ti-V-Mn alloys[J]. Journal of alloys and compounds, 2018,(748):171-178.

[2]　孙成宁, 黄伟, 张军超. 基于机械振动的钒基储氢汽车电池合金制备及性能研究[J].钢铁钒钛, 2020, 41(4): 65-69.

[3]　YAN Y G, CHEN Y H, WU C L, et al. Low-cost BCC alloy prepared from a FeV80 alloy with a high hydrogen storage capacity[J]. Journal of power sources, 2007, 164(2): 799.

[4]　ULMER U, ASANO K, PATYK A, et al. Cost reduction possibilities of vana-dium-based solid solutions-microstructural,thermodynamic,cyclic and environ-mental effects of ferrovanadium substitution[J]. Journal of alloys and com-pounds, 2015, 648: 1024.

[5]　ZHU, M, ZHU, W H, CHUNG, C Y, et al. Microstructure and hydrogen ab-sorption properties of nano-phase composite prepared by mechanical alloying of $MmNi_{5-x}(CoAlMn)_x$ and Mg[J]. Journal of alloys and compounds, 1999, 293-295: 531-535.

[6]　PENG X Y, LIU B Z, FAN Y P, et al. Microstructure and electrochemical characteristics of $La_{0.7}Ce_{0.3}Ni_{4.2}Mn_{0.9-x}Cu_{0.37}(V_{0.81}Fe_{0.19})x$ hydrogen storage alloys[J]. Electrochimica Acta, 2013, 99: 207-212.

[7]　TIAN X, LIU X D, XU J et al. Microstructures and electrochemical characteristics of $Mm_{0.3}Ml_{0.7}Ni_{3.55}Co_{0.75}Mn_{0.4}Al_{0.3}$ hydrogen storage alloys prepared by mechanical alloying[J]. International journal of hydrogen energy, 2009, 34(5): 2295-2302.

[8]　ZHANG, Z, ELKEDIM O, BALCERZAK M, et al. Structural and electro-chemical hydrogen storage properties of $MgTiNi_x(x = 0.1, 0.5, 1, 2)$ alloys prepared by ball milling[J]. International journal of hydrogen energy, 2016, 41(27): 11761-11766.

[9]　LI X D, ELKEDIM O, NOWAK M. Structural characterization and electro-chemical hydrogen storage properties of $Ti_{2-x}Zr_xNi(x = 0, 0.1, 0.2)$ alloys pre-pared by mechanical alloying[J]. International journal of hydrogen energy, 2013, 38(27): 12126-12132.

[10]　SIMI I , M V, ZDUJI , M, JELOVAC, D M, et al. Hydrogen storage material based on $LaNi_5$ alloy produced by mechanical alloying[J]. Journal of

Power Sources, 2001, 92(1-2): 250-254.

[11]　DAVIDSON D J, SAI RAMAN S S, SRIVASTAVA O N. Investigation on the synthesis, characterization and hydrogenation behaviours of new Mg-based composite materials Mg-$x\%$ MmNi$_{4.6}$ Fe$_{0.4}$ prepared through mechanical alloying[J]. Journal of alloys and compounds, 1999, 292(1): 194-201.

[12]　汤滢, 王新华, 肖学章, 等.机械球磨 Mg$_2$Ni$_{0.95}$Sn$_{0.05}$+$x\%$Ni 非晶复合物的微结构和电化学性能[J].稀有金属材料与工程, 2006, 35(8): 1303-1307.

[13]　ZHAO X Y, DING Y, YANG M, et al. Effect of surface treatment on electrochemical properties of MmNi$_{3.8}$Co$_{0.75}$Mn$_{0.4}$Al$_{0.2}$ hydrogen storage alloy[J]. International Journal of Hydrogen Energy, 2008, 33(1): 81-86.

[14]　李丽荣.机械球磨 AB$_5$+$x\%$80VFe 复合储氢合金的微观结构与电化学性能[J]. 钢铁钒钛, 2022, 43(4): 48-54.